U0175157

中国传统工艺经典

杭间 主编

梓人遗制图说

〔元〕薛景石 著

郑巨欣 注释

山东画报出版社

图书在版编目（CIP）数据

梓人遗制图说 /（元）薛景石著；郑巨欣注释. —济南: 山东画报出版社, 2020.4

（中国传统工艺经典丛书）

ISBN 978-7-5474-3294-5

Ⅰ.①梓… Ⅱ.①薛… ②郑… Ⅲ①木工机具 – 研究 – 中国 – 古代 Ⅳ.①TS64-092

中国版本图书馆CIP数据核字（2019）第248884号

梓人遗制图说

〔元〕薛景石 著　郑巨欣 注释

项目统筹　怀志霄

责任编辑　张　欢

装帧设计　王　芳

出 版 人　李文波

主管单位　山东出版传媒股份有限公司

出版发行　山东画报出版社

　　　　　　社　　址　济南市市中区英雄山路189号B座　邮编 250002

　　　　　　电　　话　总编室（0531）82098472

　　　　　　　　　　　市场部（0531）82098479　82098476（传真）

　　　　　　网　　址　http://www.hbcbs.com.cn

　　　　　　电子信箱　hbcb@sdpress.com.cn

印　　刷　山东临沂新华印刷物流集团有限责任公司

规　　格　976毫米×1360毫米　1/32

　　　　　　9印张　132幅图　251千字

版　　次　2020年4月第1版

印　　次　2020年4月第1次印刷

书　　号　ISBN 978-7-5474-3294-5

定　　价　90.00元

如有印装质量问题，请与出版社总编室联系更换。

总　序

杭　间

　　十七年前，我获得了国家社科基金艺术学项目的资助，开展"中国艺术设计的历史与理论"研究，这大约是国家社科基金最初支持设计学研究的项目之一；当时想得很多，希望古今中外的问题都有所涉略，因此，重新梳理中国古代物质文化经典就成为必须。这时候的学界，对物质文化的研究早有人开展，除了考古学界，郑振铎先生、沈从文先生、孙机先生等几代文博学者，也各有建树，成就斐然。但是在设计学界，除了田自秉先生、张道一先生较早开始关注先秦诸子的工艺观以外，整体还缺少系统的整理和研究。

　　这就成为我编这套书的出发点，我希望在充分继承前辈学人成果的基础上，首要考虑如何从当代设计发展"认识"的角度，对这些经典文本展开解读。传统工艺问题，在中国古代社会格局中有特殊性，儒道互补思想影响下的中国文化传统中，除《考工记》被列为齐国的"官书"外，其他与工艺有关的著述，多不入主流文化流传，而被视为三教九流之末的"鄙事"，因此许多工艺著作，或流于技术记载，或附会其他，有相当多的与工艺有关的论著，没有独立的表述形式，多散见在笔记、野史或其他叙述的片段之中。这就带来一个最初的问题，在浩瀚的各类传统典籍中，如何认定"古代物质文化经典"？尤其是"物质文化"（Material Culture）近年来有成为文化研究显学之势，许多社会学家、文化人类学者涉足区域、民族的衣食住行研究，都从"物质文化"的角度切入，例如柯律格对明代文人生活的研究，金耀基、乔健等的民族学和文化人类学研究等；这时候还有一个问题需要特别指出，这就是"非物质文化遗产"的概念随着联合国教科文组织对其的推进，也逐渐开始进入中国的媒体语言，但在设计学界受到冷落，"传统工艺""民间工艺"等概念，被认为比"非物质"更适合中国表述，因此，确立"物质文化"与中国设计学"术"的层面的联系，也是选本定义的重要所在。

其实，在中国历史的文化传统中，有一条重生活、重情趣的或隐或显的传统，李渔的朋友余怀当年在《闲情偶寄》的前言中说：王道本乎人情，他历数了中国历史上一系列具有生活艺术情怀的人物与思想传统，如白居易、陶渊明、苏东坡、韩愈等，联想传统国家治理中的"实学"思想，给了我很大的启发，这就是中国文化传统中的另外一面，从道家思想发展而来的重生活、重艺术、重意趣心性的源流。有了这个认识，物质文化经典的选择就可以扩大视野，技术、生活、趣味等，均可开放收入，思想明确了，也就具有连续、系统的意义。

上述的立场决定了选本，但有了目标以后，如何编是一个关键。此前，一些著作的整理成果已经在社会上出版并广为流传，例如《考工记》《天工开物》《闲情偶寄》等，均已经有多个注解的版本。当然，它们都是以古代文献整理或训诂的方式展开，对设计学的针对性较差。我希望可以从当代设计的角度，古为今用，揭示传统物质文化能够启迪今天的精华。因此，我对参与编注者有三个要求：其一，继承中国古代"注"的优秀传统，"注"不仅仅是说明，还是一种创作，要站在今天对"设计"的认识前提下，解读这些物质经典；其二，"注"作为解读的方式，需要有"工具"，这就是文献和图像，而后者对于工艺的解读尤其重要，器物、纹样、技艺等，古代书籍版刻往往比较概念化，语焉不详；为了使解读建立在可靠的基础上，解读可以大胆设想、小心求证，但文献和图像的来源，必须来自1911年前的传统社会，它们的"形式"必须是文献、传世文物和考古发现，至于为何是1911年，我的考虑是通过封建制在清朝的覆灭，作为传统生活形态的一次终结，具有象征意义；其三，由于许多原著有关技艺的词汇比较生僻，并且，技艺的专业性强，过去的一些古籍整理学者尽管对原文做了详尽的考据，但由于对技艺了解的完整度不够，读者仍然不得其要，因此有必要进行翻译，对于读者来说，这样的翻译是必要的，因为编注者懂技艺，使得他的翻译能建立在整体完整的把握的基础上。

正因为编选者都是专业出身，我要求他们扎实写一篇"专论"用作导读，除了对作者的生平、成书、印行后的流布及影响做出必要的介绍外，还要对原著的内容展开研究，结合时代和社会变化，讨论工艺与政治、技艺与生活、空间营造与美学等的关系，因此这篇文字的篇幅可以很长，是一篇独立的论文。我还要求，需要关心同门类的著作的价值和与之关系，例如沈寿的《雪宦绣谱》，之前历史上还有一些刺绣著述，如丁佩的《绣谱》，虽然没有沈寿的综合、影响大，但在刺绣的发展上，依然具有重要价值，由于丛书选本规模所限，不可能都列入，因此在专论里呈现，可以让读者看到本领域学术的全貌。

如何从现代设计的角度去解读这些古代文献，是最有趣味的地方，也是最有难度的地方。这种解读，体现了编注者宏富的视野，对技艺发展的深入的理解，对原文表达的准确的洞察，尤其是站在现代设计的角度，对古代的"巧思"做出独特的分析，它不仅可从选一张贴切的图上面看出，也更多呈现在原文下面的"注"上，我注六经，六经注我，重在把握的准确和贴切，好的注，会体现作者深厚的积累和功力，给原文以无限广阔的延伸，所以我跟大家说，如有必要，"注"的篇幅可以很长，不受限制。当然这部分最难，因人而异，也因此，这套丛书的编注各具角度和特色。由于设计学很年轻，物色作者很伤脑筋，一些有影响的研究家当然是首选，但各种原因导致无法找到全部，我大胆用了文献功底好的年轻人，当时确实年轻，十七年以后，他们都已经成为具有丰富建树的中坚翘楚。

要特别提到的是山东画报出版社的刘传喜先生，他当年是社长兼总编辑，这套书的选题，是我们在北京共同拟就的，传喜社长有卓越的出版人的直觉，他对选题的偏爱使得决策迅速果断；他还有设计师的书籍形态素养，对这套丛书的样貌展望准确到位。徐峙立女士当年是年轻的编辑室主任，她也是这套书的早期策划编辑，从开本、图文关系、注解和翻译的文风，以及概说的体例，等等，都是重要的思想贡献者。

这套书出版以来，除了受到设计界的好评外，还受到不少喜欢中国传统文化读者的喜爱，尤其是港澳台等地的读者，对此套丛书长期给予关注，询问后续出版安排，而市面上也确实见不到这套丛书的新书了，有鉴于此，在徐峙立女士的推动下，启动了此丛书的再版，除了更正初版明显的错误外，还因为2018年我又获得国家社科基金艺术学重大项目"中国传统工艺的当代价值研究"的立项支持，又开始了后续物质文化经典的编选和选注工作，并重新做了开本和书籍设计。

也借此机会，把当年只谈学术观点的总序重写，交代了丛书的来龙去脉。在过了十七年后，这样做，颇具有历史反思的意味，"图说"这种样式当年非常流行，我们的构思也不可免俗地用了流行的出版语言，但显然这套丛书的"图说"与当年流行的图说有很大的不同，它希望通过读文读图建构起当代设计与古代物质生活之间全方位的关系，"图"不仅仅是形象的辅助，而更是一种解读的"武器"，因而也是这套书能够再版的生命力所在。对古代文献的解读仍然只是开始，这些著述之所以历久常新，除了原著本身的价值外，还因为读者从中看到了传统生活未来的价值。

是为序。

2019年12月19日改定于北京

目　录

一

专论：《梓人遗制》的命运和价值

　　《梓人遗制》是中国古代木制机具专著，成书于元初，作者为薛景石。所谓书籍各有其命运，《梓人遗制》的成书，与宋元之际的社会大变局及作者薛景石的立身处世思想有很大关系，而其流传辗转的经历和残不足本的结果，又恰如其时乖命舛的写照。古代重道德文章，轻手工技艺，《梓人遗制》虽为中流一壶，却不能为时趋所重，因此流传不广。自从20世纪30年代《梓人遗制》再现以来，关注《梓人遗制》的人才渐渐多了起来，该书渐次进入纺织、机械、建筑、工艺美术等多个学科，成为其研究的对象。目前，对《梓人遗制》中相关织机的研究，已经取得丰硕成果，对车制的研究也有不少可喜进步，但是，这些成果中比较多见的主要是一般性介绍、引证，而整体和综合性的研究则有待于补阙。2006年，笔者曾不揣谫陋，尝试完成《梓人遗制》注释，以"梓人遗制图说"为书名，交由山东画报出版社出版。此次再版《梓人遗制图说》，拟在修订前疏的同时，尝试从工艺与设计史角度，定位《梓人遗制》的价值，挖掘、阐释其内涵，并力求在更大范围里形成一些学术共识。

一、《梓人遗制》的际遇

《梓人遗制》不仅孤不足本，且如今研究者的所持本，皆为《永乐大典》本。《永乐大典》告成时，中国书籍印刷业已发达，而《永乐大典》却憾不及梨枣，终于抄本。被《永乐大典》采录的《梓人遗制》，当然也是以抄本而终。更有甚者，是《梓人遗制》连同《永乐大典》一起，流离转徙，并以其一册之微，随同鸿篇巨制的《永乐大典》，自国内而国外，散佚又重归。《梓人遗制》如此辑佚、得失的经历，自是书籍的一种命运，一出书史上的风云际遇。

《梓人遗制》的命运，始终与《永乐大典》的命运联系在一起。《永乐大典》是中国历史上规模最大的类书，其主要特点是分类摘抄历史文献，为检索提供方便。明永乐元年（1403），朱棣为炫耀文治而敕修《永乐大典》，历经六年，于永乐六年（1408）编就。之后，经清抄书写，统成一部，是为正本，也叫"永乐抄本"，正本初藏南京文渊阁。《永乐大典》之所以为世人所重，原因有三：其一，全书11095册22937卷的鸿篇巨制，是谓当时人间罕见之书；其二，大典中每一条目的文献抄入，均要求不做省改，基本保留了原书的完整性和真实性；其三，因国库财力不支，全书未付梓，原本为手抄本，故弥足珍贵。而今所见唯一的相关刊刻是灵石杨氏刊"连筠簃丛书"本之《永乐大典目录》60卷本。灵石杨氏即杨尚文，字仲华，号墨林，清道光年间刻书家。《永乐大典》收辑资料宏富，多为学问高深、经典有代表性的古籍，正如朱棣序言所表："购募天下遗籍，上自古初，迄于当世，旁搜博采，汇聚群分，著为典奥。"《梓人遗制》作为一部非常难得的古代木制机具专著，被《永乐大典》采录，理所当然，也是典奥之一。

永乐十九年（1421），成祖定都北京，《永乐大典》随之移贮北京文楼。嘉靖四十一年（1562），为防不测，世宗命重录一部，重录费时近六年，于穆宗隆庆元年（1567）告成，是为副本，也叫"嘉靖抄本"。重录总校官为侍郎陈以勤、学士王大任，分校官为侍读吕旻，另有书写儒士吴子像，圈点监生乔承华、包渐林。副本别贮皇史宬。皇史宬，即皇家档案馆，又称表章库。然而吊诡的是，正本在副本完成后不久，遂不知所踪。其何故一页不存，甚是奇怪。有说疑失于明末兵焚，或有待于发现等，至今仍是谜团。清雍正年间，《永乐大典》副本移置翰林院。

即使是《永乐大典》的副本，也是散佚严重。根据《纂修四库全书档案》的记载，清乾隆五十九年（1794）军机大臣曾对《永乐大典》做过一次实存统计，当时《永乐大典》已缺1154册，实存9881册。自咸丰十年（1860）以后，《永乐大典》大规模陆续散出。原因之一在于官吏徇私和监守不严。翰林院编修文廷式曾说："《永乐大典》又有《梓人遗制》四卷，余曾见之，惜未钞录，中国工政不讲，西人乘其弊而入，固有由矣。"[1]原因之二，与1900年"庚子事变"有关。"庚子事变"中，翰林院房屋因义和团火攻英使馆而连带遭火，事变发生在是年6月23日上午，火攻造成翰林院大部分房屋焚毁。部分《永乐大典》被英国使馆移出，部分被焚毁或弃置。据言，"庚子事变"前，《永乐大典》存翰林院者，尚有八百余册，其中最为珍贵的是宋元地方志。[2]"庚子事变"后，《永乐大典》几乎散失殆尽。另据《国家图书馆藏清代孤本外交档案》之"辛丑议约专档目录：交还"记录，光绪二十七年（1901），也即"庚子事变"的次年6月11日，英国使馆主

---

[1] 〔清〕文廷式：《纯常子枝语》卷四，江苏广陵古籍刻印社影印本，1990年，第90～91页。
[2] 〔清〕文廷式：《纯常子枝语》卷三，江苏广陵古籍刻印社影印本，1990年，第74页。

动交还翰林院《永乐大典》330册。但不幸的是，归还后的《永乐大典》，又再次遭遇翰林院诸人瓜分。[①]1912年，中华民国政府成立，教育部咨请国务院，将翰林院所存《永乐大典》残本交由京师图书馆储藏。此时《梓人遗制》已经阙佚不在其列。

《梓人遗制》重现于1931年。是年1月30日，前英国皇家海事海关中国秘书助理邓罗（C.H.Brewitt-Taylor）先生向大英博物馆申请，拟将所藏的2卷《永乐大典》借寄给大英博物馆。正式移交是在2月14日，大英博物馆给邓罗先生出具了收条，作为将来索还的凭证。这2卷《永乐大典》分别为第一万八千二百四十四、一万八千二百四十五卷，其中第一万八千二百四十四卷为《营造法式》卷三十四之"图样"中的一小部分。《梓人遗制》属于永乐大典"卷一万八千二百四十五十八潒匠氏诸书十四"。颇有意思的是，12月18日，大英博物馆收到了邓罗先生的信，信中说收条找不到了，想把寄存改为捐赠。可在第二年的1月4日，大英博物馆又收到了邓罗先生的来信。邓罗先生在第二封信中，告知大英博物馆收条已经找到，并且夹附在这封信中，请博物馆方面代为销毁收条。

由于邓罗先生的捐赠，《梓人遗制》最终成了大英博物馆的馆藏，也就是目前传世《梓人遗制》的孤本残本。及后，《梓人遗制》以复本形式回到中国，则既是偶然也是必然的结果。在这件事情上，不能不提袁同礼先生。袁同礼，又名袁守和，图书馆学家、目录学家。1921至1923年，袁同礼先生先后进修于美国哥伦比亚大学历史系和纽约州立图书馆专科学校，毕业后游学于英国、德国、奥地利等欧洲国家一年。其间，袁同礼先生主要考察中国古籍在欧洲的收藏情况，又重点调查了《永乐大典》残本。1931年，当时已任国立北平图书馆副馆长的袁同礼先生，获知邓罗先生寄赠《永乐大典》残本给大英博物馆一

---

① 张升：《〈永乐大典〉遭劫难的真相》，《河北学刊》2004年第4期。

事,便立即与大英博物馆取得了联系,还顺利得到大英博物馆赠送的2卷《永乐大典》原书摄影胶卷,其中包括《梓人遗制》残本,共计34面。笔者如今的《梓人遗制图说》注释,所据即原国立北平图书馆藏《梓人遗制》残本复本之拷贝本。

二、《梓人遗制》的研究

《梓人遗制》的研究,始于书目著录,显于专题研求,而后有综论致用,乃至于补正。

先说书目著录。古代人编纂书目的初衷,在于启蒙好学者和生童,书目的内容,往往慎择约取,条分缕析。如此而得见《梓人遗制》者,有晁瑮《晁氏宝文堂书目》、焦竑《国史经籍志》等。晁瑮,字君石,号春陵,为宋代著名藏书家晁公武后人,也以藏书著名。《晁氏宝文堂书目》一书,现有1957年古典文学出版社铅印本的通行本,其与《徐氏红雨楼书目》合订一册。《晁氏宝文堂书目》本是明嘉靖间晁瑮及其子东吴的私家藏书目,有分类书目三卷(上、中、下),著录极富。《梓人遗制》列下卷《艺谱》目内,其下注明元刻。《国史经籍志》是中国目录学史上颇有影响的书目,全书共5卷(第4卷分上、下),版本不下20种,尤以万历三十年(1602)陈汝元函三馆刻本最善。焦竑,字弱侯,号漪园,晚明杰出思想家、藏书家。焦竑纂修《国史经籍志》,起因是参与万历年间一次官修本朝史活动,这次修史历时两年多,不料中途遇到变故。焦竑后利用私家藏书继续修史,又五年告成。《国史经籍志》所涉书目,得益于官私所藏,采获颇多。《梓人遗制》位于《国史经籍志》卷三《史类职官三十一》,其书名下注"八卷"。

将《晁氏宝文堂书目》《国史经籍志》两书合起来看,可明确《梓人遗制》为八卷的元刻本。并且,据此2种书目,可证在明代书家眼中,《梓人遗制》属于哪种性质的书尚有分歧。从分类看,《国史经籍志》将其置于《工部条例》《营造正式》《营造法式》之列,而《晁氏宝文堂书目》则将其与《茶经》《画继》《宣和书画谱》并列。这对于现今我们如何定位《梓人遗制》一书的性质,是极富有启发意义的。

《梓人遗制》的校勘和刊行,肇始于朱启钤和刘敦桢两位先贤的努力。1930年2月,中国营造学社在北平正式成立,朱启钤先生任社长,梁思成先生、刘敦桢先生分别担任法式组、文献组主任。营造学社成立伊始,致力于古籍的整理出版,各方征求古籍孤本、珍本与善本。而《梓人遗制》的复本,恰好在这期间入藏国立北平图书馆,不可谓不是巧合。《梓人遗制》虽然著为典奥,但因出自抄胥,又经嘉靖重录,校对也有所疏略,故原本难免有句断淆杂不清的地方。朱启钤校刊本在校勘中均补以标点、专名线等,对原书中的讹误均一一进行了修订。由于《梓人遗制》的文字个别采用比喻、附会、影射方法,如"五明坐车子"条的"呆木","立机子"条的"鸦儿木",且文字过于简短,易造成阅读理解不全面,在朱启钤校刊本中,也将之逐条注出,并对难解的字、句做了解释疏通,且部分以按语形式附记文后。不过,朱启钤校刊本也不是没有纰漏,如对木机具尺寸和结构的合理性等,未加以验证,在弁言中,误将"英伦C.H.Brewitt-Taylor先生"写成了"英伦C.H.Brewill-Tayer先生",《梓人遗制》原序中的"镂"字原本是对的,校刊本反而将其错成了"缕"等。但是经过校刊的《梓人遗制》,总体而言,文面更为清晰,更便于阅读,在一定程度上弥补了《梓人遗制》原本的缺憾。校刊本《梓人遗制》于民国廿二年(1933)2月,由中国营造学社出版。

《梓人遗制》木机具的专门研究,以狄特·库恩(Dieter Kuhn)先生《元代〈梓人遗制〉中的织机》为嚆矢。库恩先生是德国著名汉学家,专精宋史,尤其擅长物质文化史与科技史。其先后在英国剑桥大学、德国海德堡大学东亚艺术史研究所和柏林大学工作与任教,曾参与李约瑟先生主编的《中国科学技术史》第五卷第九、十分册有关纺纱、织布和织机的内容的撰写。《元代〈梓人遗制〉中的织机》是库恩先生在科隆大学的博士学位论文,完成于1975年。1977年,该文收入由瓦尔特·富克斯(Walter Fuchs)和马丁·吉姆(Martin Gimm)主编的"科隆大学东亚文化研究文库丛刊"。[①]库恩先生关于《梓人遗制》中的织机的研究,主要包括两个方面:其一,将《梓人遗制》中华机子、立机子、罗机子、小布卧机子的构件形制、尺寸数据、用料等,换算为公制,再用新制图方法,重绘出比原本记载更加清晰、周详的机件、织机图;其二,用德文翻译并注释《梓人遗制》,对于一些织机专门部件的名称,则采用汉语拼音和英文、法文或日文辅助解释的方法。在库恩先生之前,其他任何针对《梓人遗制》的专门研究,都无法达到库恩先生研究的深入和详尽程度。可能由于语言隔阂,《元代〈梓人遗制〉中的织机》也存在一些欠缺。比如,绘制的织机图纸与实际复原之间,未达一间。

与库恩先生的研究有所不同,20世纪90年代,中国丝绸博物馆赵丰先生和罗群先生,则着重从古代织机复原的角度,借鉴《梓人遗制》的资料,取得了重大的研究突破。特别是赵丰先生在其《踏板立机研究》(《自然科学史研究》1994年第2期)、《汉代踏板织机的复原研究》(《文物》1996年第5期)、《卧机的类型与传播》(《浙江丝绸工学院学报》1996年第5期)3篇重要文章中,结合《梓人遗制》中有关立机子、小布卧机子的资料进行了实样复原和相关织机实物的比较分析研究,不仅进一步明确了《梓人遗制》中各零部件的用途,而且使织机的遗制真正地复活在了当下。在赵丰先生复原踏板立机以前,《梓人遗制》对立机子的记载,无疑是古代最为完整的踏板立机资料,《梓

---

① Dieter Kuhn, *Die Webstühle des Tzu-jen i-chih aus der Yüan-Zeit*, Franz Steiner Verlag GmbH, Germany, 1977.

人遗制》对小布卧机子的记载则是古代卧机最详细完整的资料。后来，罗群先生研究杯形菱纹罗复原时[1]，也是参考《梓人遗制》记载的罗机子原理实现的。与此同时，罗群先生还总结其织造实践所得出的经验，可谓是反过来补充和完善了《梓人遗制》对罗机子的记载。

车制在《梓人遗制》中的重要性，与织机不分轩轾，可惜书中所列5种车制，只有五明坐车子附有解说，而圈辇、靠背辇、屏风辇、亭子车4种，均仅有图示。目前，五明坐车子受关注程度高，也与此有一定关系。然而，《梓人遗制》车制方面的研究，总的来说还比较薄弱。目前，有《谈〈五明坐车子〉中关于古车设计的论述》[2]、《薛景石及其制车技术研究》[3]等研究成果发表，但是，就其深入程度而言，犹有些不餍人望。

《梓人遗制》作为条目多被收入相关工具书或见诸文献。比较有代表性的是《中国大百科全书》中的《梓人遗制》条，分别见于《中国大百科全书》中的《机械工程》卷、《纺织》卷、《建筑 园林 城市规划》卷。《中国科学技术典籍通汇·技术卷》也收录了《梓人遗制》条目，并有专门的提要介绍。以上这几种书虽是国家重大标志性成果，但在对《梓人遗制》的介绍中，屡有讹误。比如，《中国大百科全书·机械工程》将《梓人遗制》成书时间写作1263年，将卷号写成第一万八千二百四十四卷[4]，皆误。《中国大百科全书·纺织》将成书时间写作1261年[5]，也是不对的。《中国大百科全书·建筑 园林 城市规划》认为成书时间应先于1263年，更将"又卷三千五百十八至

---

① 罗群：《古代提花四经绞罗生产工艺探秘》，《文物保护与考古科学》2008年第2期。

② 张爱红：《谈〈五明坐车子〉中关于古车设计的论述》，《艺术探索》2006年第4期。

③ 贺天平、张万辉：《薛景石及其制车技术研究》，《山西大学学报（哲学社会科学版）》2017年第1期。

④ 《中国大百科全书·机械工程》，中国大百科全书出版社，1987年，第959页。

⑤ 《中国大百科全书·纺织》，中国大百科全书出版社，1984年，第379页。

十九,九真门制两卷"纳入《梓人遗制》中①,委实误会很大。《中国科学技术典籍通汇·技术卷》认为:"此书是他(薛景石)在元中统二年(一二六一)以前写成,但在元代似乎始终未能正式刊印,仅以稿本或个别传抄本面世,流传不广。"②此言亦差矣。其除了成书时间有误,其对成书刊印时间的论述,又谬于失检。

三、《梓人遗制》的内容

《梓人遗制》是中国古代解说木机具构造、则例等最为完备的专著。现存残本1卷,内容尚存"车制"和"织机"两部分,残留字数共7370字。陈达明先生认为,另有"门制"之说,此说颇有些蹊跷,疑与山东掖县孙洪林先生捐赠国家图书馆"门"类《永乐大典》二卷之说有关。然该二卷为第三千五百一十八、三千五百一十九卷,与《梓人遗制》卷序号不在同一个韵目,这是不容忽略的。关于《永乐大典》的纂修主旨,初为明太祖拟定的"编辑经史百家之言为《类要》",明成祖实施时,仍要求"备辑为一书,毋厌浩繁"。如此,编成后的《永乐大典》,才得享世人"不曾擅减片语"之美誉,可见《永乐大典》首先是一部类书。纂修类书的要求,往往是抄录原文,不加省改,所以凡由《永乐大典》采录的文献,基本上都是完整篇、完整卷乃至完整部。《永乐大典》的编辑方法是"用韵以统字,用字以系事",主要参照元阴时夫《韵府群玉》和宋钱讽《回溪先生史韵》的体裁,又

---

① 《中国大百科全书·建筑 园林 城市规划》,中国大百科全书出版社,1988年,第595页。

② 华觉明主编:《中国科学技术典籍通汇·技术卷》第1分册,河南教育出版社,1994年,第337页。

据明乐韶凤《洪武正韵》之韵目次序，然后分列单字。概括起来说，就是"事有制度者则先制度，物有名品者则先名品。其有一字而该数事，则即事而举其纲。一物而有数名，则因名而著其实。或事文交错，则彼此互见；或制度相因，则始末具举"。因此，与《梓人遗制》第一万八千二百四十五卷序号相去甚殊的第三千五百一十八"门"类，不可能是《梓人遗制》的散佚内容。

《梓人遗制》中有关车制内容，包括"五明坐车子""圈辇""靠背辇""屏风辇""亭子车"5篇，有关织机的内容，包括"华机子""立机子""罗机子""小布卧机子"4篇。由于《永乐大典》卷帙阙佚严重，连带《梓人遗制》残本，也仅约为其原足本的八分之一。正所谓《永乐大典》"百存一二"，名副其实。《梓人遗制》的足本卷数，据明代焦竑的记录为8卷，近人文廷式记作4卷，二者皆为可信。8卷说的记载，出自《国史经籍志》。据《四库全书总目》，《国史经籍志》"凡御制及中宫著作，记注、时政、敕修诸书皆附焉……末附《纠缪》一卷，则驳正《汉书》……及《四库书目》……诸家分门之误"，又曰"顾其书丛抄旧目，无所考核。不论存亡，率尔滥载"。清代学者对《国史经籍志》褒贬不一，原因乃与门户之争有关。褒其者为金门诏、章学诚、钱大昕诸家，贬其者以四库馆臣为代表。但是，焦竑是一位出色的史学家、藏书家，其时距离《梓人遗制》成书年代并不很久远，他的著录应当不会有很大的失误。而近人文廷式的记录，应该也是确凿的。文廷式在收藏《永乐大典》的翰林院任职，耳闻目睹，当为可信。

至于《梓人遗制》足本是8卷的问题，如果再结合"梓人"以及段成己的序言加以分析，就更可令人信服了。"梓人"本是古代木工之一，即专造乐器悬架、饮器和箭靶的木工。殷代木工为天子六工之一，即《周礼·冬官·考工记》中的"攻木之工"。《礼记·曲礼下》："天子之六工，曰土工、金工、石工、木工、兽工、草工，典制六材。"注曰："木工，轮、舆、弓、庐、匠、车、梓也。"汉代，木工被用作官名，即掌工事者。据《汉书·百官公卿表》载，武帝太初元年，国家将东园主章更名为木工，段成己序也如是说："分命能者以掌其事，而世守之，以给有司之求。"汉以后，"梓人"泛指木工，木工可以各显其能。但在具体实践中，木工分工必然是存在的，这在唐代柳宗元散文《梓人传》中写得比较明白："委群材，会众工，或执斧斤，或执刀锯，皆环立向之。梓人左持引，右执杖，而中处焉。"然而此时木工已经不再只是轮、舆、弓、庐、匠、车、梓的区分，而是发展为一种层次分明的分工配合，并集中通过建筑营造得到整体的反映。宋元多见大为匠（大木作）、小为梓（小木作）的区分，其实指的主要是建筑营造行业内部的木工分工，而非木工行业的全部分工。比如，宋元时，制造军械的木工，即弓人已经不在传统的木工之列，如此一来，难道轮、舆、车还会是建筑营造中的小木作？回答应是否定的。因此，根据先秦梓、匠的分工以及宋元时人对其理解的区分，具体可以从宋人的注疏著作中找到答案。《孟子·滕文公下》："子如通之，则梓、匠、轮、舆皆得食于子"，宋人孙奭疏："梓人成其器械以利用，匠人营其宫室以安居。"[①]孙奭是北宋时的经学家、教育家，其注疏既对《孟子》总的意思加以疏通，又结合了北宋的具体情况，将木工区分为成其器械以利用的梓、营其宫室以安居的匠。现如今我们以大木为匠、小木为梓的划分，其实也是因袭了建筑营造行业内部的木工分工，如此以一代众来区分所有的木工，可谓是习惯性认知造成的误会。此外，宋元时的木工行业从业者，似乎已大不同于周秦，他们也读不懂《考工记》里佶屈的文字。关于这一点，段成己在原序中也已专门指出，同时他又说："而业是工者，唯道谋是用，而莫知适从。日姜氏得《梓人攻造法》而刻之矣，亦复粗略未备。"在姜氏得到《梓人攻造法》并付诸刻印之时，《营造法式》早已在宋崇宁二年（1103）刊行，而《永乐

---

① 《十三经注疏·孟子注疏》卷六，北京大学出版社，1999年，第167页。

大典》又将其复采入编，所以姜氏刻印的《梓人攻造法》的内容，应该不会重复《营造法式》的建筑营造，其所谓攻造法应是以制造生活和生产工具为主要内容。但在薛景石看来，《梓人攻造法》过于粗略，所以他决定自己撰写《梓人遗制》。可见在对象范畴方面，《梓人遗制》与《梓人攻造法》不会相去太远，区别在于详略。因此《梓人遗制》的对象范畴和体例，也不同于《营造法式》。《营造法式》编纂的对象范畴主要是建筑营造，因此所有大、小木作及相关条目，均围绕着建筑营造展开，并依次条分缕析地编排内容。而《梓人遗制》编撰的对象范畴不止一个，而是多个功用不同的机具类型，如五明坐车子、华机子等，是故有段成己序引"取数凡一百一十条"之说。可见这里的"凡一百一十条"，应指各不相同的机具或器物合计110条，而非"每一器必离析其体而缕数之，分则各有其名，合则共成一器"。据此，以现存《梓人遗制》1卷9条的体量推算，其实"华机子"条目下，还有"泛床子""掉簆座"两条，共11条。若是举凡110条，斟酌详略，《梓人遗制》足本8卷，是需要大致相当卷数的。如是，《梓人遗制》便不愧为中国古代最完备的木机具专著。

　　《梓人遗制》的内容，采用先图后文，图文互见，再在各条目下设"叙事""用材""功限"3节解说的方法，形成简洁但又逻辑严密的全书构架。其中，"叙事"是综述，主说历史沿革；"用材"即用料，主说各部件的规格尺寸、装配方法；"功限"即事工，指加工制作的时间。《梓人遗制》中的条目有两种，一种是大类的条目，另一种是小类的条目。如"五明坐车子""华机子"是大类，其下专设"叙事"，其余条目下只设"用材""功限"的，则作小类的条目理解。如"五明坐车子"类以下，"圈辇""靠背辇""屏风辇""亭子车"是小类的条目，故无"叙事"而仅有"用材""功限"。织机也是一样，"华机子"是大类，下设"叙事"，不过"华机子"比较复杂，又增列"泛床子""掉簆座"两个小条目。其余如"立机子""罗机子""小布卧机子"涉及提花机，属于小类，因此只有"用材""功限"的解说。不过，尽管薛景石已经分三别两运用"叙事""用材""功限"进行解说，但是难免也有疏漏。比如，"罗机子"一节中介绍了兔耳、滕子、立颊、遏脑、引手子、鸦儿木、砍刀、文杆、泛扇桩子等主要机件，忽略了踏脚板，但由鸦儿木的存在来看，踏脚板是必有的。再如"小布卧机子"一节，据朱启钤校刊本按，漏叙横榥。

需要再加以说明的是，《梓人遗制》虽然有"叙事"一节铺陈在"五明坐车子"以下，但是对于"五明坐车子"的介绍用墨不多，只说"其官寮所乘者即俗云五明车"，没有解释何谓"五明"。所以窃思之，这里的"五明"应该是一个修饰词，用于指明后面名词的含义。通过图示的车身均装饰有如意云头，且亭子车的亭顶是莲花宝塔的造型等，不难看出"五明"与佛教有关。在佛教典籍中，有一种"五明"说，又叫五明处，其具体指的是各种学问。这些学问概括起来，又可以分为两类：一为大五明，指声明、工巧明、医方明、因明、内明；二为小五明，指修辞、辞藻、韵律、戏剧、星象。五明坐车子是贵族出行或仪礼用车，因此其又蕴含"明礼""明远"的象征意义。同样，华机子是线制小花本提花机，相关记载见于汉晋，唐代渐多，图像资料出现较晚，南宋初年于潜令楼璹《耕织图》中的提花绫罗机便是其中之一。华机子的"华"，也是一个修饰词，同"花"，有华美的意思，意喻提花机是一种能够织出美丽花纹的织机。

四、《梓人遗制》的价值

如前所述，《梓人遗制》成书于元初，具体时间，根据其序言落款"中统癸亥十二月既望稷亭段成己题其端云"字样，本来是非常明确、清楚的。中统癸亥，即元中统四年，将中统癸亥换算成公历时间，即1263年。在《梓人遗制图说》于2006年出版前，国内其他相关出版物对此却有不同看法，分别有1263年说和1261年说。1261年肯定是错的，1263年也不对。原因是人们在进行公历换算的时候，忽略了其时是暮冬之月。如果将月份考虑在内，中统癸亥十二月就成了公历1264年元月，"既望"指的是月中十六日。因此，《梓人遗制》成书的准确时间是1264年1月16日。像《中国工艺美术大辞典》①、《中国民间美术辞典》②等书中，都是因其没有注意到月份，或只是简单参考了《中国大百科全书》中的《梓人遗制》条的记载，疏于核实，所以均在介绍《梓人遗制》成书时间上出现了差错。校准成书的时间，让我们更加清楚和肯定地知道，在1264年1月16日以前成书的《梓人遗制》，乃是世界上最早包含织机构造技术专论的重要著作。

由段成己落款引出的，还有另外一个问题，即中统纪年是元朝纪年，时值南宋景定年间，为何段氏偏用中统纪年？为此，有必要了解段成己其人。段成己（1199—1282），字诚之，号菊轩，绛州稷山（今山西稷山）人，金末元初著名文学家。段成己的成长过程，正值金王朝由盛而衰。金亡后，他与兄克己归隐龙门山，优游林泉，结社赋诗，自得其乐。克己、成己兄弟，皆少年成名，在金末文坛并称"二妙"。二妙归隐期间，与布衣文士、僧人道士以及河汾诸老交往甚密。宪宗四年（1254），段成己因其兄克己卒，于是徙晋宁北郭（今山西临汾），并应河东道行军万户兼总管李毅之邀，辟馆授徒，宣扬儒学。其在教职上，终老于至元十九年（1282）。关于段成己的卒年，过去多据孙德谦《二妙年谱》的至元十六年（1279），误。现据同恕《段思温先生墓志铭》"至元十五年，丁樊夫人忧。……后四年，菊轩（成己）君卒"以及吴澄《二妙集原序》以纠前误。由于段氏生活从业于元朝势力范

---

① 吴山主编：《中国工艺美术大辞典》，江苏美术出版社，1989年，第1126页。
② 张道一主编：《中国民间美术辞典》，江苏美术出版社，2001年，第297页。

围下的山西境内,因此其为《梓人遗制》作序,采用元朝纪年也在情理之中。段成己素以德谊闻名乡里,故请其著序引者当有不少,但他的序引留存于世的仅有3篇,除了《梓人遗制序》,另外两篇分别是《葛仙翁肘后备急方序》《元遗山诗集引》。前者赞扬葛仙翁的医术,引申抨击现实生活人性,后者记述曹輗、杨天翼等人致力于刊刻元遗山诗之事。3篇序言,能见段成己文风平易晓畅,更是引出了元初文人与手工艺人交往的佳话。在古代,文人与手工艺人分属于两个社会阶层,但是手工制品得以成为艺术品,文人介入是一个重要因素。介入方式有三种:直接介入,以合作者身份介入,以使用者身份介入。[①]不过,段成己为《梓人遗制》作序,其实是对薛景石制造手工业产品的颂赞,此又可谓第四种。因此,《梓人遗制》不只为我们保留下了古代机具遗制,还使我们看到了元初文人与手工艺人在创造和出新方面产生的共鸣。过去我们对于手工艺品文人介入的关注,主要集中在晚明时期,而《梓人遗制》的序言成于元初,因而也就成了早期文人介入手工艺,更准确地说是介入手工业产品制造的一个重要范本。

薛景石名不见经传,生卒年不详,平生所有资料,皆出自段成己序言中的介绍。段成己在序言中说:"有景石者夙习是业,而有智思,其所制作不失古法,而间出新意,砻断余暇,求器图之所自起,参以时制而为之图,取数凡一百一十条",又,"景石薛姓,字叔矩,河中万泉人"。金末元初的河中万泉,即今山西万荣县,从地理和行政区域来看,稷山县和万荣县同属于今晋南运城地区,两县交界,稷山县又在万荣县以北地方。由此可见,万荣县人薛景石和稷山县人段成己是同乡人。段成己认为,薛景石"夙习是业,而有智思",其意表明,木工是薛景石素所熟习的职业,并且薛景石有智慧、才思,非普通手

---

① 包铭新:《中国手工艺历史中的文人介入》,郑巨欣主编:《历史与现实:文化遗产保护及发展国际学术会议论文集》,山东画报出版社,2013年,第6页。

工劳动者所能及，因此，"其所制作不失古法，而间出新意"，他是一位知古而不拘泥于古的思想者。据段成己的观察，薛景石的做法，是"耆断余暇，求器图之所自起，参以时制而为之图"。即薛景石能够挤出自己全部可能的时间，探索和琢磨器械画法，并以实际调查的形制为参考，最终绘制出实用的图纸。如此潜心关注于一事，若是用今天的话来说，薛景石十足已是一个专门且独立的木制手工业产品设计师。从这个意义上说，《梓人遗制》与年代相近的李诚为官60年，以文官身份在两浙工匠喻皓《木经》基础上编成的《营造法式》显然有所不同。《梓人遗制》是由一个木制手工业产品设计师独立完成的木机具专著。

作为一个木制手工业产品设计师，薛景石在著书立说时，能够"每一器必离析其体而缕数之，分则各有其名，合则共成一器。规矩尺度，各疏其下。使攻木者揽焉，所得可十九矣"，这表明他已经超越了其本来的专业，而转向对木机具原理的研究和制造规律的总结。薛景石能够完成这样的转变，说明他有一定的经济基础和闲暇时间作为前提，这不是一般以手艺为生的普通劳动者所能办得到的。那么，薛景石为何以此作为立身处世的方式？可惜有关薛景石的资料太少，且具不在史，因此我们只能尝试通过"薛景石"这个名字探渊索珠。历代中国人都非常重视取名的传统，即所谓形以定名，名以定事，事以验名。据此不难理解，"景石"二字应与《庄子·徐无鬼》的故事有些关联。这个故事说的是春秋战国时期楚国都城中有一个人，他把一层薄如蝇翼的白垩泥涂抹在自己的鼻尖，然后让一个叫"石"的匠人用斧子砍削掉这一小小的白点。于是"匠石运斤成风，听而斫之，尽垩而鼻不伤，郢人立不失容"。后来，"运斤成风""郢匠""郢人斤斫"等词，就被用来形容一个人才艺超凡、匠心独运。俗语说，赐子千金，不如教子一艺，教子一艺，不如赐子一名。"景石"之名，可谓饱含着薛景石父辈希望子继父业的心愿，换句话说，薛景石父辈甚至祖辈也是木工，薛景石生于木工世家。其字"叔矩"，当与名有联系，"叔矩"和"景石"二者相通，互为补充。"叔"字，是名字中的家族辈分；"矩"是矩尺，木工离不开规矩，韩愈《符读书城南》中就有："木之就规矩，在梓匠轮舆。"尤其值得注意的是，景石为薛姓。据《左传·定公元年》载薛宰追忆："薛之皇祖奚仲居薛，以为夏车正。"[①] 又据道光本《滕县志》："奚仲，当夏禹之时封于薛，为禹掌车服大夫。奚仲生吉光，吉光是始以木为车。以木为车盖仍缵车正旧职，故后人亦称奚仲造车。""车服大夫"就是"车正"。薛景石的祖先，很可能是自今山东滕州迁来的奚仲家族的一支，并且直至宋元时仍可能为河中万泉望族。如此循迹溯源，若说薛景石是木工世家出身的梓人，应该是没有问题的。因此，《梓人遗制》还是一部与中国木工世家相关的著作。

我们还须注意的是，《梓人遗制》中机具名称的特点，即机具名多后缀"子"字的现象，毫无疑义，这是一种"子"字后缀方言。"子"缀方言在全国分布广泛，四川成都、山西万荣都在其分布范围之内。虽然很多方言都后缀"子"字，但细究起来又各有所不同。四川成都、山西万荣方言的后缀"子"字，绝大多数与名词组合使用，就像"五明坐车子""华机子""立机子""罗机子""小布卧机子"一样。但是，《梓人遗制》中的机具名称并非都有"子"字后缀，比如，车制中的"圈辇""靠背辇""屏风辇"，均无后缀"子"字，这说明车制遗制和织机遗制的来源和应用，很可能有所不同。

赵承泽先生认为，车制有特别的地方，"其名称与《金史·舆服志》颇为近似，疑即金之遗制"[②]，这是有道理的。但是，在《金史》中又未见相应的记载。如《金史·舆服上》记载有："天子车辂、皇后妃嫔车辇、皇太子车制、王公以下车制及鞍勒饰"，其中天子车辂：

---

① 杨伯峻编著：《春秋左传注》，中华书局，1981年，第1523～1524页。

② 《中国大百科全书·机械工程》，中国大百科全书出版社，1987年，第959页。

"其制，金玉辂阙，可见者象辂、革辂、木辂，耕根、皮轩、进贤、明远、白鹭、羊车，革车，大辇，凡十有一。"又，皇后之车六，分别是重翟车、厌翟车、翟车、安车、四望车、金根车。其"造六车成后，复改造圆辂、重檐、方辂、五华、亭头、平头六等之制"。续查《金史》其他各卷，有芳亭辇、逍遥辇、七宝辇、平头辇、大安辇、内尚辇、圆方辂辇等名。再查《宋史》，有五辂、大辂、大辇、芳亭辇、凤辇、逍遥辇、平辇、七宝辇、小舆、腰舆、耕根车、进贤车、明远车、羊车、指南车、记里鼓车、白鹭车、鸾旗车、崇德车、皮轩车、黄钺车、豹尾车、属车、五车、凉车、相风乌舆、行漏舆等。《金史》中找不到《梓人遗制》中的同名车，说明"金之遗制"不是复制旧制，更不是复古，并且由于当时金代已经结束，因此也不适合使用金代车辆的名称。因此，车制不过是沿用金代旧制，而为制造出符合元初统治者需要的"舆服"用车提供参考。段成己说"其所制作不失古法，而间出新意"，大概指的就是这个意思。方言属于一般生活交际语体，也是一种家常语言，通行于民间。方言和官话，分别被不同社会阶层使用，这恰好可以说明车制的"遗制"使用者，应该属于一个特殊的社会阶层，具体地说，就是贵族，使用场景为宫廷或者礼仪场合。至于五明坐车子名称后缀"子"字的原因，可能这是作者薛景石用来概括其余4种坐车子而造的名称，所以就带上了万荣方言的特征。

"织机"的遗制，根据赵丰先生的研究，立机子前身是汉代踏板织机。立机之名，始见于敦煌遗书，在莫高窟 K98 北壁五代壁画上，有简单的立机形象。另外，在山西开化寺北宋壁画上能看到比较详细的立机图像，但是这些都不及《梓人遗制》记载得详细。立机子的形象，在明代还可见到，现藏于中国国家博物馆的《宫蚕图》中，就有一架高大的立机。在汉、唐、宋、元、明的各个时期的资料中都出现过立机子，从而体现了立机子的延续性。卧机的名称，初见于唐代，却保留在相当于我国唐代的日本同时期文献里，如《新撰字镜》《倭名类聚抄》里都有"卧机"之名,而"卧机"的词源则出自日本学者所著的中国字书《杨氏汉语抄》。元代王祯《王祯农书》和薛景石《梓人遗制》是最早记载卧机的中国文献。不过,卧机的形象描绘,则在东汉时期的画像石即四川成都曾家包出土的汉画像石上就已经有了。元代以后的卧机,其称谓在流传过程中有了变化,如出现了腰机(《天工开物》)、打花机(湖南)、夏布机(江西)、罗机(江苏)、织布机(陕西)等名称。①这是由于织机广泛流传于民间,并且极易受到民间文化的浸润。另外还值得一提的是,2012年底,成都老官山汉墓出土了4台多综提花织机模型,这是古代多综提花织机最早的实物证据。出土时,织机模型周围还有彩绘木俑15件,它们组合在一起,仿佛汉代纺织生产盛景的再现。以上研究和考古发现表明,《梓人遗制》中的织机的形制,很可能就是来自于四川、山西的汉式织机的遗制。这个地方在宋元时期纺织生产非常兴盛,宋代四川梓州(今三台)设有规模很大的绫锦院,南宋成都织锦院是当时全国三大织锦院之一。宋元时,山西的丝织业中心当推潞安,这里机户众多。②尽管纺织生产有官营、私营和家庭作坊形式,但是梓人和织工都来自于民间,所以也就仅仅在织机称谓上留下了方言的痕迹。段成己"参以时制而为之图"的"时制",当指蜀晋汉式织机之遗制。

最后,我们再来看《梓人遗制》中的"梓人",其担当的角色,以及赋予梓人以角色的薛景石的思想,又是如何通过论述,让《梓人遗制》作为一本专著,忠实地体现出它的价值的。梓人的角色和分工,已见前述,这里不再赘言。不过,《梓人遗制》中的梓人其实又何曾不是薛景石本人在这部专著中的担当呢?那么,薛景石到底又担当了什么样的角色呢?最能说明这个问题的,其实就是书中的主要内容。我

---

① 赵丰:《卧机的类型与传播》,《浙江丝绸工学院学报》1996年第5期。
② 李仁溥:《中国古代纺织史稿》,岳麓书社,1983年,第175~176页。

们通过"叙事""用材""功限"三节，就能够大体看出薛景石的思维模式以及思想观念，即其谋篇的精意覃思、别出机杼。

精心布局的"叙事""用材""功限"三节，构成全书的内容框架，无非是要告诉人们三者缺一不可。因为作为一个"梓人"，仅仅具备用材、功限的知识是不够的，还要具备专业的历史知识，才能使知识更加系统，修养更加全面，所以《梓人遗制》在每一大类条目下，均设以"叙事"。而"用材""功限"两节中所包含的内容，则是薛景石所认为的梓人职责所涉及的相关专门知识。这些"用材""功限"所要求的方方面面，不由让人联想到唐代柳宗元在《梓人传》里对杨潜的描述："吾善度材，视栋宇之制，高深圆方短长之宜，吾指使而群工役焉。舍我，众莫能就一宇。故食于官府，吾受禄三倍。"梓人不是那种修理缺了一条腿的床的人，而是审曲面势给予制作工人规矩尺度的人。梓人从事的是能够成其器械以利用的工作，他们劳心役人，用技术和智慧指导他人。但是，薛景石并不追求杨潜那样比别人多三倍的报酬，而是将保存和继承梓人的遗制，并使其流传于世作为自己的安身处世之道。

《梓人遗制》为后世提供了翔实的手工业产品制造规范，这些规范不仅延续了周代的遗制，而且还参以民间时制。延续周代遗制的部分多见于"叙事"一节，特别是对于天人合一、材美工巧、功能决定形式的强调以及对《考工记》系统思想遗产的继承等。比如，薛景石在"五明坐车子"之"叙事"中引《考工记·攻木之工》曰："轮人为轮，斩三材必以其时。三材既具，巧者和之。毂也者，以为利转也。辐也者，以为直指也。牙也者，以为固抱也。轮敝，三材不失职，谓之完。""三材"即制作毂、辐、牙所用的三种木料。砍伐"三材"必须要选择合适的季节，因树木生长习性与四季、朝向、生长环境有很大关系，只有遵循自然规律砍伐，制作出来的毂，才能使车轮灵活地转动，在车辐上打的卯眼，才不会歪斜出现偏差，车轮外缘的牙齿，才能抱合坚固。轮子即使用旧了，但是毂、辐、牙都没有失去功能，这才叫作完美的车轮设计。参以民间时制的做法则主要表现在《梓人遗制》每篇的"用材""功限"中，即薛景石在继承古代思想的同时，又对古制进行合理的、标准化的规划改造。诚如柳宗元在《梓人传》中所发出的感叹："彼将舍其手艺，专其心智，而能知体要者欤！"换作今天的话来说，便是：他大概是放弃了手艺，专门使用思想智慧，能知道全局要领的人吧！柳宗元所发出的感叹，其实也就是薛景石通过《梓人遗制》所要表达的思想境界和设计追求吧！

2019年8月初，再版重写于沁雅花园

《梓人遗制》弁言[1]

古者审曲面势[2]，饬材辨器[3]，以给日用者谓之工。然先民创物之始，共工董治百工[4]，决无后世分业之颛[5]，畛域[6]之严也。《周礼》考工，营国经野[7]，自城壖迄于沟洫[8]，皆匠人职掌，非独宫室一门。而匠与舆、弓、轮、庐、车、梓数者同隶[9]攻木一类，其规矩准绳下及分件名称，器用种类，往往类出一臼[10]，就中车匠二者，关系尤切。盖太古之世，自穴居野处进为游牧生活，必因车为居，利迁徙往来无常处，及易游牧为耕耘，营构家室，始有匠人之职。若藩、若箱、若盖、若轩、若旌柱、若辕门，皆导源车辂[11]，未能忘情旧习，其迹至为显著。故按名释物，定其音训，推其嬗蜕之故，穷其缔造之源，颛之外又必旁及群艺，求其贯通融会，始无遗憾。职是之故[12]，本社成立伊始，征求故籍，首举薛氏此书。薛氏元中统间人，其事迹漫无可考。仅据段序知以耆断余暇，求器图所起，参酌时制，而为此书，非训诂之儒，徒骛架空之论者。其书著录焦竑《经籍志》[13]，近世除文廷式[14]笔记自《永乐大典》撮录五明坐车子一节外，未见单行本行世。嗣由国立北平图书馆馆刊，知英伦 C.H.Brewill-Tayer[15] 氏所藏《永乐大典》卷一万八千二百四十五，收有此书一卷。经北平图书馆馆长袁守和先生，向伦敦英伦博物馆摄取原书影片，并承以副本见贻[16]，计三十有四面，属《永乐大典》十八漾匠氏十四。前有中统四年癸亥段成己序，称书中取数凡一百一十条。今按影片所收五明坐车子、华机子、泛床子、掉篗座、立机子、罗机子、小布卧机子七项，其用材分件共一百十一条，与段序略同，岂原书止此数者，段氏所称指后者言耶。其书叙次瞻雅，图释详明，可窥一代制作情状，并由段序知有姜刻《梓人攻造法》一书，与此书先后同期，足觇胡元[17]创国之初，百艺繁兴，颛书续出，其胜状迥[18]出吾人意表。爰[19]将旧藏影片整理付刊，并与刘君士能校注，俾易理解[20]。意者此书除《大典》本外，尚有刊本抄本，流落人间，藉此羔雁，得复旧观，尤启钤企盼不已者也。建国二十一年[21]十二月朱启钤识。

注释

〔1〕弁言：弁是古代的一种帽子，帽子戴在人头上，与此相应，将放在书籍前面即冠于卷首的相当于前言、序言类的文字称为弁言。

〔2〕审曲面势：原意指工匠制作器物时仰观俯察，审度材料的曲直向背。后泛指手工业产品的造型与规格设计要做到严格检查和度量，引申为观察审视提炼物象、材料特征或特色、特性等，以备后面工序有针对性地加工或修整、装饰。

〔3〕饬材辨器：加工各种材料，制作不同的器物。饬，整治、加工。辨，通"辦"，即"办"，制作。

〔4〕共工董治百工：共工氏管理百工。掌管木工事务的叫共工，掌管木工事务的官职称为共工氏，见原序："唐虞以上，共工氏其职也。"此共工区别于炎帝后裔水神共工。董治，即监督管理。董，监督。治，管理、治理。

〔5〕颛：通"专"，专门做某一项事。

〔6〕畛域：畛，原意指田间小道。畛域，引申为范畴、界限。

〔7〕营国经野：营建都城宫室并规划国城周围的沃野、鄙邑。狭义的营国经野指建筑景观规划，广义上也引申为治国安邦之道。

〔8〕自城壝迄于沟洫：从城池、宫室、庙宇、祭坛直到城外的水道沟渠。壝，坛与埤的总称，也特指周围有矮墙的坛。沟洫，《考工记·匠人》："九夫为井，井间广四尺、深四尺，谓之沟。方十里为成，成间广八尺、深八尺，谓

二四

之洫。"后泛指田间水道，也引申作护城河、放水的渠解。

〔9〕同隶：同属于。隶，附属、从属、受管辖。

〔10〕类出一臼：就像是从一个臼子里面加工出来的米一样。比喻事情非常相似。臼，春米的器具。

〔11〕若藩、若箱、若盖、若轩、若旌柱、若辕门，皆导源车辂：指传统居室营造中那些如同车轮围栏的围墙、如同车厢的方形屋体、如同车伞盖的屋顶、如同轩车的堂檐平台，以及车之旌柱、辕门等这些与建筑造型相仿、功用相似的构件，都是来源于对车辂的构件模仿。藩，篱笆，引申为边沿、边域、屏障，此处指房屋围墙、隔断等。箱，收藏衣物的方形器物，此处指像车箱一样的方形结构的房屋。盖，加在器物上面的遮掩用具，古人称编茅覆屋为盖屋，后来建筑房屋也称盖屋。轩，原指古代一种前顶较高而有帷幕的车子，供大夫以上乘坐，建筑中有窗槛的长廊或小室，以及殿堂前檐下的平台都称作轩，此处的意思是，建筑上的轩是受车子轩造型的启发而建造成的。旌，古代的一种旗子，旗杆顶上用五色羽毛做装饰，用以指挥或开道，旌在古代也用作旗的通称。辕门，现作官署的外门解。辕为车前驾牲畜的两根直木，一匹马驾辕，一匹马拉套。辂，绑在车辕上以备人牵挽的横木。

〔12〕职是之故：由于担负这个职责的缘故。是，这、这个。

〔13〕焦竑《经籍志》：焦竑（1540—1620），字弱侯，号漪园，又号澹园。明代著名学者，祖籍山东日照，生于江宁（今江苏南京），官至翰林院修撰。焦竑一生执着于学问的探求，笔耕不辍，著述甚丰。《经籍志》，即《国史经籍志》，焦竑自撰著述，共五卷，附录一卷。《国史经籍志》卷三《史类职官三十一》有"《梓人遗制》八卷"字样。

〔14〕文廷式：文廷式（1856—1904），清末江西萍乡人，字道希，号芸阁、纯常子。光绪进士。光绪二十年（1894）任翰林院侍读学士。因赞成光绪帝亲政，支持康有为发起组织强学会，受慈禧太后嫉视，被参革职。戊戌政变发生后，东走日本。能诗词，词学苏、辛，所作颇关时政。所著有《云起轩词钞》《文道希先生遗诗》《纯常子枝语》《补晋书艺文志》《闻尘偶记》等。

〔15〕C.H.Brewill-Tayer：应为C.H.Brewitt-Taylor。

〔16〕贻：赠送。

〔17〕胡元：元世祖时蒙古族人。胡，传统对北方少数民族的统称。

〔18〕迥：远，形容差别很大。

〔19〕爰：于是。

〔20〕俾易理解：使便于理解。俾，使。

〔21〕建国二十一年：指民国二十一年，即1932年。

《梓人遗制》原序

　　工师之用远矣[1]。唐虞以上，共工氏其职也[2]。三代而后，属之冬官[3]，分命能者以掌其事，而世守之，以给有司之求[4]。及是官废，人各能其能，而以售于人，因之不变也[5]。古攻木之工七[6]：轮、舆、弓、庐、匠、车、梓，今合而为二，而弓不与焉[7]。匠为大，梓为小，轮舆车庐[8]。王氏云：为之大者以审曲面势为良，小者以雕文刻镂为工[9]。去古益远，古之制所存无几[10]。《考工》一篇[11]，汉儒捃摭残缺，仅记其梗概[12]，而其文佶屈，又非工人所能喻[13]也。后虽继有作者，以示其法，或详其大而略其小，属大变故，又复罕遗[14]。而业是工者，唯道谋是用[15]，而莫知适从。日姜氏得《梓人攻造法》[16]而刻之矣，亦复粗略未备[17]。有是石者[18]夙习是业[19]，而有智思，其所制作不失古法，而间出新意，耷断余暇，求器图之所自起[20]，参以时制而为之图，取数凡一百一十条[21]，疑者阙焉[22]。每一器必离析其体而缕数之[23]，分则各有其名，合则共成一器[24]。规矩尺度，各疏其下[25]。使攻木者揽[26]焉，所得可十九矣。既成，来谒文[27]以序其事。夫工人之为器，以利言也[28]。技苟有以过人，唯恐人之我若而分其利[29]，常人之情也。观景石之法，分布晓析，不啻面命提耳而诲之者[30]，其用心焉何如，故予嘉其劳而乐为道之。景石薛姓，字叔矩，河中万泉[31]人。中统癸亥十二月既望[32]稷亭[33]段成己题其端云。

注释

〔1〕工师之用远矣：工，《尚书·皋陶谟》："无旷庶官，天工人其代之。"《论语·卫灵公》："工欲善其事，必先利其器。"《周礼注疏》："能其事曰工。"师，对有专门知识技能的人的称呼，此作官名用。《孟子·梁惠王下》："为巨室，则必使工师求大木。"工师，又名"工官""工正""匠师"。此句意思是，很早以前就有专门的手工艺官职。

〔2〕唐虞以上，共工氏其职也：专业木工在原始社会晚期就已经出现并纳入生产管理的范畴。唐虞以前，掌管木工事务的叫共工。唐虞，指唐尧、虞舜，传说五帝中的两位。唐尧，又称帝尧，帝喾次子，初封于陶，又封于唐，故有天下之号为陶唐氏。其号曰"尧"，史称为唐尧。虞舜，又称帝舜。姓姚，名重华。尧帝的女婿，因建国于虞，故称为虞舜或有虞氏。共工，掌管百工营建，《尚书·舜典》载："帝曰：'畴若予工？'佥曰：'垂哉！'帝曰：'俞，咨！垂，汝共工。'"氏，官名，古专家之学，皆为世袭，因以名官。

〔3〕三代而后，属之冬官：三代以后，木工隶属冬官掌管。三代，指上古尧、舜、禹三代。冬官，官名，主管手工业及其工匠。

〔4〕分命能者以掌其事，而世守之，以给有司之求：随着职官制度的进一步发展，周代出现了天官、地官、春官、秋官、夏官、冬官六官隶属制度，不同官职分别选派有才能的人掌管其事，制度和技艺世代相沿承袭，同时也让地方官府得以参照，设官分职，各有专司。有司，指地方官府。

〔5〕及是官废，人各能其能，而以售于人，因之不变也：到了春秋时代，王室衰微，礼乐崩坏，冬官制度不再束缚手工艺人，有专长的人得以各显其能，各尽其才，并且可以将自己的技术传授给他人，所以古代的木工技术也流传下来了。售，卖，此处作"授"解，即传授。

〔6〕古攻木之工七：古代工匠中，木工有七种。攻，指加工。

〔7〕轮、舆、弓、庐、匠、车、梓，今合而为二，而弓不与焉：古代的木工分为七种，分别是专门制造车轮和弓形车盖的轮人；专门制造车箱的舆人；专门制造弓箭的弓人；专门制造戈、戟等兵器长柄的庐人；专门营造宫室、城廓和沟洫的匠人；专门制造大车、羊车和耕耒的车人；专门制造笋虡（悬挂钟磬的木架）、饮器、箭靶的梓人。宋元时期，原来分工不同的七种木工，合并为匠、梓两种，弓人不在其列了。

〔8〕匠为大，梓为小，轮舆车庐：匠人、梓人虽然都是木工，但分工不同。匠人是大木作，营造对象是建筑结构体，如柱梁构架及其构件。梓人是小木作，制造对象是轮、舆、车、庐及常民惯用的家具、木构件雕器等。

〔9〕王氏云：为之大者以审曲面势为良，小者以雕文刻镂为工：王氏说：

大木作擅长审曲面势，小木作精于雕文刻镂。审，度也，察看之意。王氏，不详，王安石、王昭禹或王与之，待考。云，《永乐大典》本作玄，疑笔误，今改作云。

〔10〕去古益远，古之制所存无几：宋元距离周代的时间很远，所以流传下来的传统木工规范也就寥寥无几了。去，距离。益，更加、越加、非常。

〔11〕《考工》一篇：即《考工记》，是先秦古籍中最重要的科学技术著作，作者不详，疑为春秋末期齐国人。西汉河间献王刘德因《周官》缺《冬官》一篇，就以此书补之。至刘歆校订时，又将《周官》改为《周礼》，称为《周礼·考工记》。它主要记述有关百工之事。分为攻木之工、攻金之工、攻皮之工、设色之工、刮摩之工、抟埴之工六个部分，并且分别对车舆、宫室、兵器以及礼乐诸器等制作做了详细记载，是研究我国古代科技的重要文献，一定程度上反映了当时的思想观念。

〔12〕汉儒捃摭残缺，仅记其梗概：《考工记》传至西汉，主体部分尚在，但部分内容已经散佚，如上卷"国有六职"提到三十二个工种，后文分述时缺六。所以，两汉时期，虽经诸儒多次整理，但仍无法补全，仅记录了内容的梗概。捃，捃载、捆载。摭，拾取、摘取。

〔13〕而其文佶屈，又非工人所能喻：但是，《考工记》的文句艰涩生硬，不是普通工匠所能读懂的。佶屈，佶通"诘"，曲折拗口。喻，了解、明白。

〔14〕罕遗：罕，难得。遗，残留。即留下来的很少。

〔15〕唯道谋是用：只能杂采众家之说。

〔16〕《梓人攻造法》：与《梓人遗制》属先后或同时期的手工艺技术专著，仅从段成己序中得知，未见其他史料记载，谅为失传较早或影响甚微的刊本。

〔17〕亦复粗略未备：同样也只是梗概，不够详尽。

〔18〕是石者：应为"景石者"，即《梓人遗制》的作者薛景石。

〔19〕夙习是业：很早就立志从学木工这个行业，或可谓木工世家。

〔20〕砻断余暇，求器图之所自起：充分利用工余时间研究古代器物图画，考证其历史源起变迁，揣摩机械构造原理。砻，磨，一种农具。砻断，引申为挤出时间。

〔21〕取数凡一百一十条：总共写了一百一十条。从前文看，应该是一物一条。凡一百一十条，当指书中所叙述的机具每一部件而言。

〔22〕疑者阙焉：不清楚的地方宁可空缺放着。阙，同"缺"。

〔23〕每一器必离析其体而缕数之：对于每一机具部件都细致地分析，说明其各不相同的构件形制，并逐一标注。离析，分析、辨析。缕，一条一条、一根一根，详详细细。

〔24〕分则各有其名，合则共成一器：即散卸时各机件均有名称，组合时便可装配成完整的机具。

〔25〕规矩尺度，各疏其下：各机具部件的方圆尺寸都经严格测量，并在各部件上逐一说明。度，计量长短。疏，分条陈述，详细注明。

〔26〕揽：通"览"，看、阅览。

〔27〕谒文：表达某种愿望的文字，这里是指薛景石请段成己作序的说明性的信帖之类。

〔28〕夫工人之为器，以利言也：一般来说，古代手工艺人谈论制造器物这些事的时候，说话都会带有一定的功利性。利，利益、功用。

〔29〕技苟有以过人，唯恐人之我若而分其利：如果有过人的技术，也会担心别人学得像自己一样好而失去了自己原有的优势。技，《永乐大典》本作枝，疑笔误，今改作技。苟，假如、如果。

〔30〕分布晓析，不啻面命提耳而诲之者：全面解说，当面示范，诲人不倦。面命提耳，谓对人教诲恳切。

〔31〕河中万泉：今山西万荣县。

〔32〕中统癸亥十二月既望：中统癸亥，为元世祖中统四年。既望，题款中的时令别称，每月十六日为既望。中统癸亥十二月既望，实际对应公历为1264年1月16日。

〔33〕稷亭：今山西稷山县境内。

古代木工谈薮

段成己在《梓人遗制》序言中说："工师之用远矣。"工师，是古代的工匠官，又叫工官、工正，木工在工师管辖之列。木工是一个概念宽泛的工种，在伐木、成器、造物到雕刻的全过程中从事劳作的人均可以木工称呼。另外，木工也可以细分，如《周礼·冬官·考工记》载："攻木之工：轮、舆、弓、庐、匠、车、梓"，即包括专门制造车轮和弓形车盖的轮人，专门制造车箱的舆人，专门制造弓箭的弓人，专门制造戈、戟等兵器长柄的庐人，专门营造宫室、城廓和沟洫的匠人，专门制造大车、羊车和耕耒的车人，专门制造笋虡（悬挂钟磬的木架）、饮器、箭靶的梓人。

木工之始距今已经相当久远。《韩非子·五蠹》说："上古之世，人民少而禽兽众，人民不胜禽兽虫蛇。有圣人作，构木为巢，以避群害，而民悦之，使王天下，号曰有巢氏。"如果在中国古代传说的"有巢氏"时已经有木工出现，则其年代大致相当于西方历史分期的蒙昧时代之低级阶段。到了距今约六七千年前的余姚河姆渡文化时期，考古证明木工已经有了比较先进的工艺技术，并在建筑上有实际的应用。河姆渡文化遗址已发掘部分是长约23米、进深约8米的木构架建筑遗址，推测是一座长条形的、体量相当大的干栏式建筑。木构件遗物有柱、梁、枋、板等，许多构件上都带有榫卯，有的构件还有多处榫卯。可以说，河姆渡的干栏木构已初具木构架建筑的雏形，体现了当时木工的技术水准。新石器时代用于制作木器的工具已经有砍斫器、斧状器、手斧、刮削器、石锛和石凿。

专业木工也在原始社会晚期开始出现并纳入生产管理的范畴。在唐尧、虞舜以前，掌管木工事务的叫共工氏。共工，掌管百工营建，《尚书·舜典》载："帝曰：'畴若予工？'佥曰：'垂哉！'帝曰：'俞，咨！垂，汝共工。'""氏"是官名，古专家之学，皆为世袭，因以名官。由于建筑工程的需要，殷商时期又形成了建筑工程的专门木工，《礼记·曲礼下》载："土工、金工、石工、木工、兽工、草工，典制六材。"其中木工是重要的一项。随着职官制度的进一步发展，周代时出现了天官、地官、春官、秋官、夏官、冬官六官隶属制度，不同官职分别选派有才能的人掌管其事，制度和技艺世代相沿承袭，其中冬官主管手工业及其工匠，木工由冬官掌管。到了春秋时代，王室衰微，礼乐崩坏，冬官制度不再束缚手工艺人，有专长的人得以各显其能，各尽其才，并且可以将自己的技术传授给他人，这样一来，木工的工艺技术就开始在民间广泛流传开来。

战国至魏晋南北朝，木工行业有了很大的发展，在手工艺人中间产生了有"土木工匠祖师"尊称的鲁班和"天下之名巧"美誉的马钧[1]等著名工匠，他们发明的木工具、木机具等，使相关手工艺生产的效率有了很大的提高。在木工技术方面，木工除了已应用曲尺、圆规、准绳，战国时候发明的一种矫正木料曲直的工具，使木工在制器造物过程中能得心应手地根据需要将直木压曲或将曲木压直，从而促进了木工造型工艺的极大提高。与此同时，汉代在建筑上已开始采用"斗拱"构件，说明木作工具已经相当完备，木作工艺亦已达到相当高的水准。《后汉书·百官志》载："将作大匠一人，二千石。本注曰：承秦，曰将作少府，景帝改为将作大匠。掌修作宗庙、路寝、宫室、陵园木土之功。"这是关于工匠官员的记载。建筑的土木工匠从汉代开始有了"大匠"的特别尊称。

隋唐宋元时期，木工业继续发展。唐初解木锯的普及是我国木工技术史上的大事，它不仅一改我国木料制材的技术，还促进了建筑工作"材分制度"的形成与发展。此外，由于唐宋间流行小木作，所以又直接促使并推动了南宋晚期平推的发明和发展。与此同时，木工在当时发达的舟船车等交通工具的制造方面也发挥了积极的作用。宋代的木作，有大木作、小木作、细木作、圆木作、水木作之分，这是工序细化的结果，同时，专门的木机具专著就在这个时期里被撰写完成，这就包括我们这里注解介绍的元薛景石的《梓人遗制》。明代以后，各地区的木工业发展不平衡，江南一带集中了主要的能工巧匠，精致的木工手艺多半出自"三吴"地带。明张瀚《松窗梦语》曰："今天下财货聚于京师，而半产于东南，故百工技艺之人亦多出于东南，江右为伙，浙直次之，闽粤又次之。西北多有之，然皆衣食于疆土，而奔走于四方者亦鲜矣。"这种情形直到今天还在延续着。

注释

〔1〕马钧：字德衡，扶风人，生卒年月不详。三国魏明帝时著名的机械制造家，曾任博士、给事中。《三国志·魏书·杜夔传》裴松之注："时有扶风马钧，巧思绝世。傅玄序之曰：'马先生，天下之名巧也……为博士，居贫，乃思绫机之变，不言而世人知其巧矣。旧绫机五十综者五十蹑，六十综者六十蹑，先生患其丧功费日，乃皆易以十二蹑。其奇文异变，因感而作者，犹自然之成形，阴阳之无穷……'"经马钧改后的绫机，大大提高了生产效率。

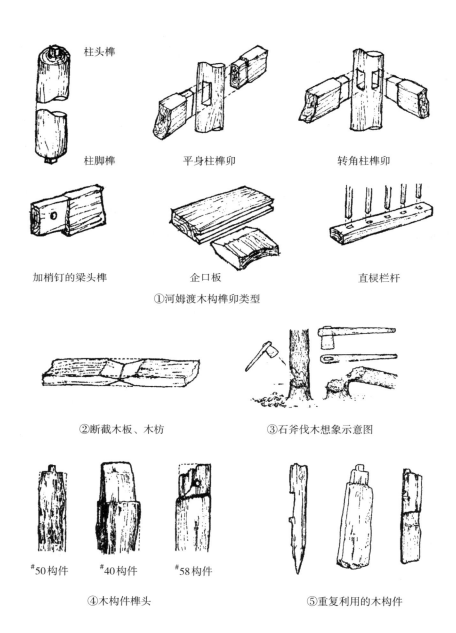

柱头榫

柱脚榫

平身柱榫卯

转角柱榫卯

加梢钉的梁头榫

企口板

直棍栏杆

①河姆渡木构榫卯类型

②断截木板、木枋

③石斧伐木想象示意图

#50构件   #40构件   #58构件

④木构件榫头

⑤重复利用的木构件

1-1　河姆渡文化遗址出土木构件。(采自《建筑考古学论文集》)

1-2　山东嘉祥发现的东汉《制车轮图》画像砖。图中蹲式工作的匠人，用脚踩稳木料，同时做雕凿状。

1-3　宋人所摹晋顾恺之《斫琴图》。内容为古代文人学士制琴的场景，图中记录了古代木工使用的工具，有大锛、小锛、斧、夹背锯、弓形锯、刀、锉、锄、凿，共计九种。

1-4 〔宋〕张择端《清明上河图》中的画面之一"制车作坊"。图中右下角有迄今所见最早的框锯形象。框锯的作用有三:一解材,二断料,三制榫。

1-5 瓜州榆林窟第3窟西夏壁画里的木工工具锯、锛、镟等。(敦煌研究院王进玉先生提供图片)

1-6 明天启版《碧纱笼》插图。表现了木匠工作的场景。

1-7 〔明〕午荣编《鲁班经》中的框锯解木。

1-8 《鲁班经》中描绘的各种木作样式。

1-9　清乾隆《武英殿聚珍版程式》中的《成造木子图》。

1-10　光绪二十九年，孙家鼐等奉慈禧太后之命，为初学者纂辑图解读本《钦定书经图说》，光绪三十一年成书，此图为其中的《随山刊木图》。

1-11 《钦定书经图说》中的
《垂典百工图》。

1-12 《钦定书经图说》中的
《有备无患图》。

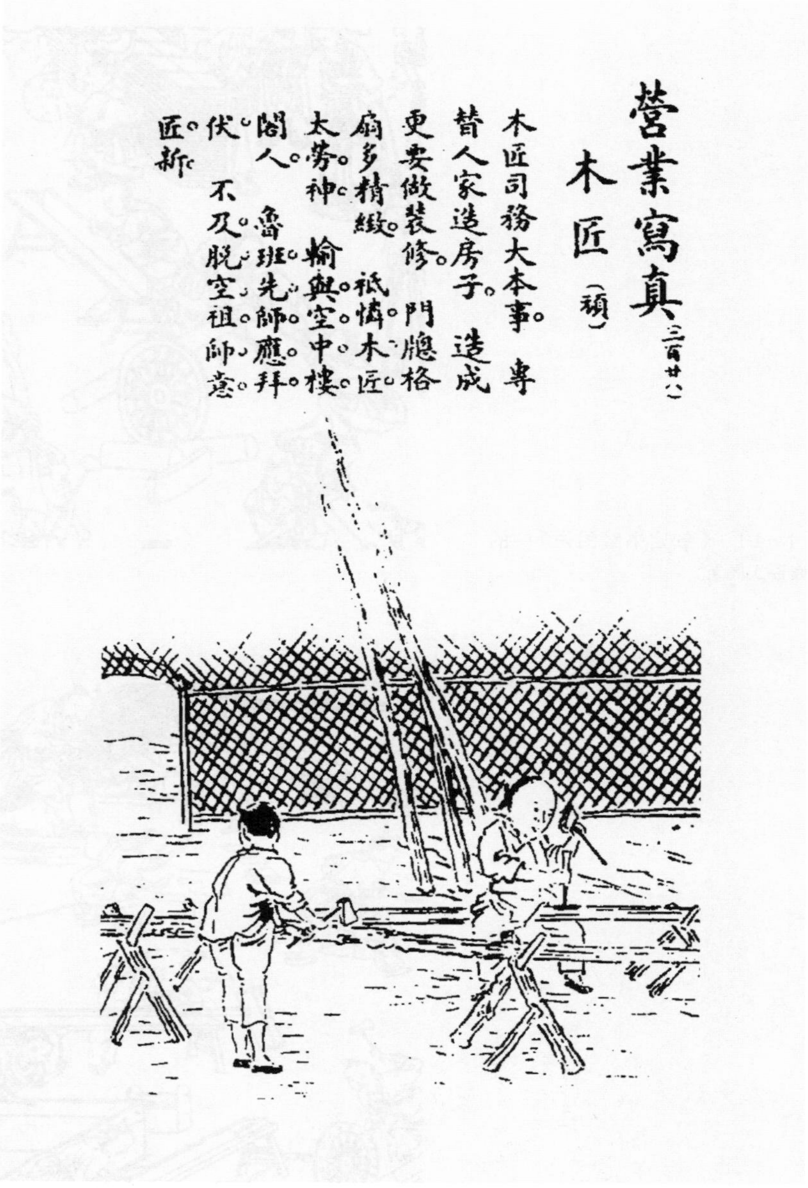

营业写真(三百廿八)

木匠〔硕〕

木匠司务大本事。专
替人家造房子。造成
更要做装修。门牕格
扇多精緻。祇惭木匠
太劳神。输与空中楼
阁人。鲁班先师应拜
伏人。不及脱空祖师意
匠新

1-13 〔清〕孙兰荪《图画时报·营业写真》中描绘的木匠。

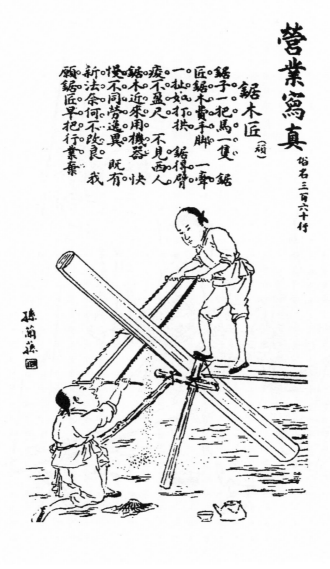

營業寫真

鋸木匠〔頑〕俗名三百六十仟

鋸子一把馬一隻鋸
匠鋸木貴平腳一擊
一掀如打拱鋸得臂
疲不盈尺不見面人
鋸木近來用機器
慢不同豈遷異既有
新法余何不改良我
願鋸匠早把行業棄

孫蘭蓀畫

1-14 〔清〕孫蘭蓀《图画时报·营业写真》中描绘的锯木匠。

1-15 〔清〕周慕桥《大雅楼画宝》中描绘的木匠以墨斗取平直线的画面。

营业写真（俗名三百六十行）

雕花匠（顽）

雕花司务本领高。
人物花卉多会雕。
嵌空玲珑好手段。
活龙活现真蹊跷。
雕花衹怕过朽木。
良工平俱尴尬。
何世界近来朽木多。
无从下手雕花哭。

1-16 〔清〕孙兰荪《图画时报・营业写真》中描绘的雕花匠。

五明坐车子〔1〕

叙 事〔2〕

《易系辞》〔3〕云，黄帝服牛〔4〕乘马，引重致远，盖取诸《随》〔5〕。

《释名》〔6〕曰，黄帝造舟车，故曰轩辕氏〔7〕。《世本》云，奚仲造车，谓广其制度耳〔8〕。《周礼·春官》，巾车掌公车之政〔9〕，服车五乘〔10〕，孤乘夏篆〔11〕，卿乘夏缦〔12〕，大夫乘墨车〔13〕，士乘栈车〔14〕，庶人乘役车〔15〕。挽共〔16〕《周礼·冬官·考工记》云，国有六职〔17〕，百工与居一焉〔18〕。或坐而论道，谓之王公。作而行之，谓之士大夫。审曲面执，以饬五材〔19〕，以辨民器，谓之百工。通四方之珍异以资之，谓之商旅。饬力以长地财，谓之农夫。治丝麻以成之，谓之妇功〔20〕。知者创物，巧者述之，守之世〔21〕，谓之工。百工之事，皆圣人〔22〕之作也。烁金以为刃〔23〕，凝土以为器〔24〕，作车以行陆〔25〕，作舟以行水〔26〕，此圣人之所作也。天有时〔27〕，地有气〔28〕，材有美〔29〕，工有巧〔30〕，合此四者，然后可以为良。凡攻木之工七，攻金之工六，攻皮之工五，设色之工五，刮摩〔31〕之工五，抟埴〔32〕之工二，攻木之工七，轮、舆、弓、庐、匠、车、梓。有虞氏上陶〔33〕，夏后氏上匠〔34〕，殷人上梓〔35〕，周人上舆〔36〕。故一器而工聚焉者，车为多〔37〕。车有六等之数〔38〕，皆兵车也。凡察车之道，必自载于地者始也，是故察车自轮始。凡察车之道，欲其朴属而微至〔39〕。不朴属，无以完久也。不微至，无以为戚速〔40〕也。轮已崇〔41〕，则人不能登。轮已庳，则于马终古登阤也〔42〕。故兵车之轮六尺有六寸〔43〕，田车〔44〕之轮六尺有三寸〔45〕，乘

车之轮六尺有六寸。六尺有六寸之轮,轵[46]崇三尺有三寸[47]也,加
轸与轐焉,四尺也[48],人长八尺,登下以为节[49]。故车有轮,有舆,
有辀[50],各设其人。

轮人为轮,斩三材必以其时[51]。三材既具,巧者和之。毂[52]也
者,以为利转[53]也。辐[54]也者,以为直指[55]也。牙[56]也者,以
为固抱[57]也。轮敝[58],三材不失职,谓之完[59]。

轮人为盖,上欲尊而宇欲卑[60],则吐水疾而溜远[61]。盖已崇则
难为门也[62],盖已庳是蔽目[63]也,是故盖崇十尺[64]。良盖弗冒、
弗弦[65],殷亩而驰[66],不队[67],谓之国工[68]。

舆人为车,圜者中规[69],方者中矩[70],立者中县[71],衡者中
水,直者如坐焉,继者如附焉[72]。

凡居材[73],大与小无并[74],大倚小则摧[75],引之则绝[76]。栈
车欲弇[77],饰[78]车欲侈。

辀人为辀,辀有三度[79],轴有三理[80]。国马之辀,深四尺有
七寸[81]。田马[82]之辀,深四尺。驽马[83]之辀,深三尺三寸。轴
有三理,一者以为微[84]也,二者以为久[85]也,三者以为利[86]也,
是故辀欲颀典[87]。

辀深则折[88]。浅则负[89],辀注则利准,利准则久[90],和则
安[91]。行数千里,马不契需[92],终岁御,衣衽不敝[93],此唯辀之
和也[94]。轸之方也,以象地也,盖之圜也,以象天也,轮辐三十,以
象日月也[95],盖弓二十有八,以象星也[96]。

周迁《舆服杂事》[97]曰,五辂两箱之后,皆用玳瑁鸱翅[98]。

石崇[99]《奴券》曰,作车以大良,白槐之辐,茱萸之辋[100]。

后梁甄玄成《车赋》云,铸金磨玉之丽,凝土剡木[101]之奇,
体[102]众术而特妙,未若作车[103]而载驰尔。其车也,名称合于星
辰,员方象乎天地[104]。夏言以庸之服[105],周曰聚马之器[106]。制
度不以陋移[107],规矩不以饰异[108],古今贵其同轨,华夷[109]获其

兼利。

后汉李尤[110]《小车铭》云，圜盖象天，方舆则地，轮法阴阳，动不相离。

车之制自上古有之，其制多品，今之农所用者即役车耳。其官寮所乘者即俗云五明车，又云驼车，以其用驼载之，故云驼车，亦奚车之遗也。

注释

〔1〕五明坐车子：在《梓人遗制》中，五明坐车子的形制说明似乎是有意单列的。五明大概有两层意思。一是取佛教的五明说，即大五明（声明、工巧明、医方明、因明、内明）、小五明（指修辞、辞藻、韵律、戏剧、星象）。五明，又名五明处，指的是佛教传教中要求教徒掌握的各种学问，这说明五明坐车子可能规定由有一定身份地位或有学问的人乘坐。二是因为五明坐车子的车厢两侧各绘饰有五朵如意云纹，故名五明，这说明五明是寓意五明处的图形意象表达。从五明坐车子的形制特征看，它可能源于辽时北方常见的奚车，奚车传为古代北方奚人造的大车，誉称"奚车"。元时，奚车也叫驼车，曾是官吏的专门用车。五明坐车子、驼车、奚车的形制大同小异。

〔2〕叙事：叙述事情，此处相当于概述。

〔3〕《易系辞》：书名。系，系属；辞，文辞。系辞，指系属在卦爻之下的文辞，即卦爻辞。《易传》以系辞为篇名，专指《系辞传》，其含义为系附在《周易》后面关于《周易》通论的文辞。

〔4〕服牛：服，用、驾之意，服牛即驾牛或用牛拉车。在《周易》中，乾为马，坤为牛。

〔5〕随：随着，顺也，出自于《周易》第十七卦"随泽雷随兑上震下"，有乘马逐鹿之象，随遇而安之意。

〔6〕《释名》：书名，东汉刘熙著。《释名》《尔雅》《方言》《说文解字》历来被视为汉代四部重要的训诂学著作，在训诂学史上占有重要地位，具有较高的学术价值。《释名》以音求义，推究事物名称的由来。其中对采帛、首饰、衣服、宫室、用器、车船等名物做了解释。

〔7〕黄帝造舟车，故曰轩辕氏：传说黄帝制造了车辆，因此被称作轩辕氏。关于黄帝造车的类似记载还见于《周易·系辞传》《汉书·地理志》《历代帝王年表》等。《路史·轩辕氏》将古人"见飞蓬转而为车"的想象加入黄帝的

传说之中，谓"轩辕氏作于空桑之北，绍物开智，见转风之蓬不已者，于是作制乘车，相轮璞，较横木为轩，直木为辕，以尊太上，故号曰轩辕氏"。《古今注·舆服》中更云："黄帝与蚩尤战于涿鹿之野，蚩尤作大雾，兵士皆迷，于是作指南车，以示四方。"

〔8〕《世本》云，奚仲造车，谓广其制度耳：《世本》，书名，战国时史官所撰，记黄帝迄春秋时诸侯大夫的姓氏、世系、居、作等。原书约在宋代散佚，清代有雷学淇、茆泮林等辑本。奚仲，夏代的车正，《左传·定公元年》："薛之皇祖奚仲居薛，以为夏车正。"所以造车的时间应是夏代。战国晚期到汉代的文献如《世本》《墨子·非儒下》《荀子·解蔽》《吕氏春秋·君守》《淮南子·修务》《论衡·对作》《后汉书·舆服志》《说文解字》等皆有奚仲作车的记载。更广其制度，《古史考》云："黄帝作车……少昊时驾牛，禹时奚仲驾马……仲又造车，更广其制度也。"意思是黄帝发明最原始的车子，少昊驾牛，到禹时的奚仲则易牛为马，所以车的形制也做出了相应的改进，后来，奚仲又将马车的形制推而广之。

〔9〕巾车掌公车之政：巾车掌握官车的调配使用权。巾车，官名，主车之官，为车官之长。公车，官车。

〔10〕服车五乘：《永乐大典》本脱"五"字，依《周礼》改正。供执行公务者使用的五种车。

〔11〕孤乘夏篆：帝王乘坐的是绘有五彩并雕刻花纹的车。孤，古代侯王的自称。夏，华彩。篆，雕刻的装饰线。

〔12〕卿乘夏缦：卿乘坐的是有彩绘但无雕刻花纹的车。卿，古代高级长官或爵位的称谓。西周、春秋时天子、诸侯属下的高级长官都称卿。战国时作为爵位的称谓。缦，无彩色花纹的帛。

〔13〕大夫乘墨车：《永乐大典》本脱"乘"字，依《周礼》改正。大夫乘坐的是没有彩绘，但施以漆、蒙以革的车。大夫，古代官级，国君以下分卿、大夫、士三级，因此大夫也作中层官职之称。墨车，没有彩绘，但施以漆、蒙以革的车。

〔14〕士乘栈车：士乘坐的是没有皮革蒙面，仅施以漆的车。

〔15〕庶人乘役车：平民以力役为事，所以称车为役车。役车不限于载人，多以载物。

〔16〕挽共：《永乐大典》本附注"晚拱"，"挽"通"晚"，意思是后来的，"共"疑为"拱"，耸起，隆起，弯曲成弧形，可能指有拱形造型部件的车，实际所指不明。"挽共"后面无句点，故疑为断文。

〔17〕六职：指人在当时的六种社会职别，即王公、士大夫、百工、商旅、

农夫和妇功。

〔18〕百工与居一焉：手工艺人为六职之一。

〔19〕五材：金、木、皮、玉、土。

〔20〕妇功：女功、女红，指织绣、缝纫等。郑玄注："布帛，妇官之事。"

〔21〕知者创物，巧者述之，守之世：智慧出众的人创造事物，手艺高超的人继承发扬它，并世代相传。守，遵循、保持。郑玄注："父子世以相教。"

〔22〕圣人：《尚书·洪范》："聪作谋，睿作圣。"古人认为，圣仅次于神，能被称作圣的人，其一是事无不通者，其二是精通一事者。在儒家经典中，尧、舜、汤、文、武、周公、孔子有圣人之称。

〔23〕烁金以为刃：熔化金属将其制成刀剑。烁，通"铄"，熔化金属。

〔24〕凝土以为器：和泥拉坯制成器物。

〔25〕行陆：在陆地上行驶。

〔26〕行水：在水面上航行。

〔27〕天有时：自然界存在运行着的时序，如节气、寒暑等。

〔28〕地有气：自然的气是指能量的物理运动状态，一地有一地的气，如大气中的冷、热、干、湿、风、云、雨、霜、雾，在同一时间因方位不同也会有不等程度的表现，在不同时间里表现得更是千差万别，土脉刚柔也不相同。所以，《考工记》说："橘逾淮而北为枳，鸲鹆不逾济，貉逾汶则死，此地气然也。"

〔29〕材有美：材料有美好的质表。

〔30〕工有巧：此处谓工巧的巧，除了表现技巧，应该还包含了艺术形象、意境的创造。

〔31〕刮摩：摩，通"磨"。刮摩，琢磨器物，使之滑泽。

〔32〕抟埴：抟，把东西揉成球形。埴，黏土。抟埴，以黏土制成陶器之坯。

〔33〕有虞氏上陶：有虞氏推重制陶。有虞氏，最初是舜所在部落的名称。"虞"本是帝尧时掌山之官，即部落联盟中负责管理山林及山林中鸟兽的部落世袭公职名称。中国上古有"以官为氏"的习俗，即以其在部落联盟中所担任的公职名称为部落名称，故称其部落为"虞"或"有虞氏"。在虞帝舜时，部落联盟向民族和国家发展。"虞"或"有虞氏"因此演变为朝代名称，如同夏后氏之称为夏朝。按先秦文献记载，有虞氏是夏朝之前的一个朝代，虽然这个朝代还带有若干部落联盟的痕迹。中国现存最古的一部史书《尚书》，即以《虞书》为开篇。上，通"尚"，劝勉、崇尚。上陶，推重制陶。郑玄注："舜至质，贵陶器，瓬大瓦棺是也。"

〔34〕夏后氏上匠：夏后氏推重建筑木工。夏后氏，古史称禹受舜禅，建立夏王朝，称夏后氏，也称夏后或夏氏。夏后氏上匠，郑玄注："禹治洪水，民降丘宅土，卑宫室，尽力乎沟洫而尊匠。"

〔35〕殷人上梓：殷商推重制作日用器具木工。殷，契封于商，至汤灭夏，因以商为国号。传至盘庚，迁都殷（今河南安阳），周人称为大邦殷，后来或殷商互举连称。殷人上梓，郑玄注："汤放桀，疾礼乐之坏而尊梓。"

〔36〕周人上舆：指周代推重车舆木工。武王灭商建周，都镐京（今陕西西安），至幽王，史称西周。周人上舆，郑玄注："武王诛纣，疾上下失其服饰而尊舆。"

〔37〕故一器而工聚焉者，车为多：做一件器物，使用工种最多的就是车。焉，犹言"于此"。

〔38〕六等之数：指车之方以象地，地有刚柔之分；盖之圆以象天，天有阴阳之别；人立车中兼备仁、义。故六等之数即指阴、阳、刚、柔、仁、义六数。

〔39〕欲其朴属而微至：要让制成的车轮敦实坚固而且精致浑圆。郑玄注："朴属，犹附著，坚固貌也。"朴，犹言"敦实"。微至，郑玄注："谓轮至地者少，言其圜甚，著地者微耳。著地者微，则易转，故不微至，无以为戚速。"圆轮与地接触少，如同圆之相切。

〔40〕戚速：戚，通"促"，犹言疾、快。

〔41〕轮已崇：轮子太高。已，太、过。崇，高。

〔42〕轮已庳，则于马终古登阤也：轮子太小，拉车的马就会很吃力，就像走不平的斜坡一样。庳，低矮。终古，郑玄注："齐人之言终古，犹言常也。"犹言常常之意。阤，山坡。

〔43〕六尺有六寸：商周度制没有统一，所以仅河南一地出土商代牙尺、战国铜尺的单位长度均不相同，《考工记》所用尺度为"齐尺"，较周尺为小。闻人军《〈考工记〉齐尺考辨》（载《考古》1983年第1期）认为，《考工记》的齐尺每尺相当于今天米制的19.7厘米左右。所以，六尺有六寸，相当于现在的130.02厘米。130.02厘米应该是指车轮的直径。古代车之大小，往往以马的大小高矮为度，马高则车高，马小则车小。

〔44〕田车：古代田猎用车。

〔45〕六尺有三寸：按齐尺约合124.11厘米。

〔46〕轵：围成车厢的栏杆。轵，《辞海》（上海辞书出版社，2009年）解释为车轴端，闻人军《考工记导读》认同此说。《说文解字注》："轵，辐之植者衡者也，与毂末同名，毂末，即谓车轮小穿也。"商周的车为干栏式，由

车厢四周立柱和鞦做支点，横向一至三层被称作"轵"的木条连接组成。可见轵虽与毂末同名，但轵是轵，毂末是毂末。

〔47〕三尺有三寸：按齐尺约合65.01厘米。

〔48〕加轸与軓焉，四尺也：轵的高度，再加上底架方木与軓的高度，合起来为四尺，按齐尺约合78.8厘米。轸，郑玄注《周礼·考工记》曰："轸，舆后横者也。"郑玄所指，是车厢底部围成四周的四根方木叫轸。戴震《考工记图》曰："舆下四面材合而收舆谓之轸，亦谓之收，独以为舆后横者，失其传也。"指的是车厢由横木构成的底架称为轸。对照出土文物，当以戴震之说为准。軓，西周时出现的两块置于车轴上面、垫在左右车轸下的小枕木，形状为屐形或长方形。由于其状作兔伏于轴上，故又名伏兔。

〔49〕人长八尺，登下以为节：人高八尺，按齐尺约合157.6厘米，以此作为参照系数取适度的比例。春秋以前，车一般都很低，高度在35至45厘米之间，这一高度用于乘坐尚属合理，因为汉以前习惯踞坐，双膝跪地时抬手握车轵，差不多就在这一高度。节，适度。

〔50〕辀：车的组成部件之一。辀在轸木以下，横向装轴或压在轴上面与轴连接，竖向伸出车箱前端以驾牲畜。辀有直木、曲木两种，功用与辕相同。一般来说，在汉代以前牛车的辕称辕，为两根；马车的辕称辀，为单根。汉代以后或也有不同者。

〔51〕斩三材必以其时：三种不同的木材必须在不同的时节里砍伐。砍伐三种不同的木材，是为了制作毂、辐、牙三种不同的车轮构件。郑玄注："斩之时，材在阳，则中冬斩之；在阴，则中夏斩之。今世（汉代）毂用杂榆，辐以檀，牙以橿也。"

〔52〕毂：车轮上面位于车轮中心与轴配合使用的部件。毂外形像削去尖头的枣核，中空。孔径大处称"贤"，孔径小处称"轵"。毂上凿有榫眼，用以装辐条。

〔53〕利转：有利于转动。

〔54〕辐：车轮中连接毂和轮圈的直木条儿，以带动轮子转动。辐条的两端有榫头，装入毂内的一头名"菑"，另一头名"蚤"。古代车轮的辐条从18至30根不等。

〔55〕直指：辐条两端插入毂及轮圈，装配得平直无偏倚。

〔56〕牙：古时称圆形的轮圈为轮牙，又名"辋"。由一根或几根木条经火烤后揉成弧形再拼接而成。

〔57〕固抱：抱合坚固。

〔58〕轮敝：轮子坏了。

〔59〕完：完好。

〔60〕上欲尊而宇欲卑：车盖上面的盖斗隆起要高，但是车盖的外缘檐要低。尊，指盖斗上端隆起的高度。车盖有柄支撑，盖斗在盖柄顶端，呈圆形，常见直径约合周尺六寸，周圈有孔，由盖弓嵌入撑开。宇，屋檐，指车盖的外缘。

〔61〕溜远：溜，指下注之水。溜远，谓雨水畅流则斜度必大，所以车盖的斜度是为雨水而设计的。

〔62〕盖已崇则难为门也：车盖太高就做不成门了。犹言车厢的顶盖不宜太高。

〔63〕蔽目：挡住视线。

〔64〕是故盖崇十尺：所以盖高以十尺为宜，十尺，按齐尺约合197厘米。以人高八尺为度，留二尺余量做装饰用等，如果低于十尺，就容易挡住视线。

〔65〕良盖弗冒、弗弦：好的车盖，盖斗不用蒙布，盖缘不用辍绳。冒，蒙于盖斗之布幕。弦，车盖周围连缀盖斗末屑的绳子。

〔66〕殷亩而驰：在广阔的田野上面疾驰。

〔67〕队：同"坠"，坠落。

〔68〕国工：国之良工。

〔69〕圜者中规：圆得合乎圆规。圜，圆。中，适合于、吻合。规，校正圆形的用具，即圆规。

〔70〕矩：画直角或正方形、矩形的曲尺。

〔71〕县：同"悬"，悬绳。

〔72〕继者如附焉：车的接合处如枝附干。继，交接、连缀。如附，如枝附干，意为紧密相连。

〔73〕凡居材：大凡材料的处理。谓处理车上的材料，要使其各得其所。

〔74〕大与小无并：大小不配。并，合一装配、偏邪相就。无并，不配。

〔75〕摧：毁坏。

〔76〕引之则绝：受力后就会折断。此指制车选材大小规矩要合适，否则会因为材料细小不堪受力而拉断。

〔77〕弇：简朴。

〔78〕饰：《永乐大典》本为"饬"，疑为饰之误，故用饰。

〔79〕三度：三种深浅不同的弧度。

〔80〕三理：三项质量指标，即美观、耐久、功能好。

〔81〕国马之辀，深四尺有七寸：国马的辀，纵长为四尺七寸。郑玄注：

"国马，谓种马、戎马、齐马、道马，高八尺（按齐尺约合157.6厘米）。兵车、乘车，轵崇三尺有三寸（按齐尺约合65.01厘米），加轸与轐七寸（按齐尺约合13.79厘米），又并此辀深，则衡高八尺七寸（按齐尺约合171.39厘米）也。除马之高，则余七寸，为衡颈之间也。"四尺有七寸，按齐尺约合92.59厘米。

〔82〕田马：田猎用的马。

〔83〕驽马：体能低劣的马。

〔84〕微：疑为媺之误。媺，好、善，同"美"。郑玄注："无节目也。"谓轴之美在于没有疤结。

〔85〕久：坚韧耐久。

〔86〕利：轴与毂的组合既滑又密。

〔87〕顾典：坚韧。

〔88〕辀深则折：车辕的弯曲度过大就会容易折断。

〔89〕浅则负：曲辕弧度不够，车体向上仰。《永乐大典》本原按："揉之大深伤其力，马倚之则折也，揉之浅，则马善负之。"

〔90〕辀注则利准，利准则久：出自《考工记·辀人》，上海古籍出版社1983年版《黄侃手批白文十三经》载后面的"利准"为衍文。注，指曲辕前段如"注星"的第一、五、六、七、八颗星，呈弧形。利，犹言"疾速"。准，故书作"水"，指曲辕后段水平。此句大意是：若车辕的曲度深浅适中，行进时一定是既快速又平稳，故而经久耐用。

〔91〕和则安：《永乐大典》本原作"利其安"，按："准作水，注则利水，谓辕脊上雨注令水去利也。一云注则利，谓辀之揉者形如注星则利也，准则久，谓辀之在舆下者，平如准则能久也，和则安，注与准者和，人乘之则安，云云。"

〔92〕马不契需：马不因伤蹄而缓行。契，开也，谓马蹄开裂而受伤。需，通"懦"，怯懦，谓畏而蹄软。

〔93〕衣衽不敝：衣服不曾磨破。

〔94〕此唯辀之和也：这就是车辀曲直设计得当的缘故。和，郑玄注："和则安，是以然也。"

〔95〕轮辐三十，以象日月也：车轮的辐条有三十根，用以象征日月的运行。郑玄注："轮象日月者，以其运行也。日月三十日而合宿。"

〔96〕盖弓二十有八，以象星也：车盖弓有二十八根，用以象征二十八星宿的星辰。贾公彦疏："云'以象星'者，星则二十八宿，一面有七，角、亢之等是也。若据日月合会于其处，则名宿，亦名辰，亦名次，亦名房也，若不据会宿，即指星体而言星也。"

〔97〕周迁《舆服杂事》：即周迁《古今舆服杂事》，共十卷。

〔98〕五辂两箱之后，皆用玳瑁鷗翅：《隋书·礼仪志》载："五辂两箱后，皆用玳瑁为鷗翅，加以金银雕饰，故俗人谓之金鷗车。两箱之里，衣以红锦，金花帖钉，上用红紫锦为后檐，青绞纯带，夏用簟，冬用绮绣褥。"五辂，即玉、金、象、革、木。辂，绑在车辕上以备人牵挽的横木。

〔99〕石崇：西晋文学家石崇（249—300），字季伦，祖籍渤海南皮（今属河北），生于青州，故小名齐奴。石崇年少敏慧，勇而有谋。二十余岁任修武县令。元康初年，石崇出任南中郎将、荆州刺史。在荆州劫掠客商，遂致巨富，生活奢豪。

〔100〕茱萸之輮：用茱萸木料制成的轮圈。茱萸，又名"越椒""艾子"，是一种常绿带香的植物。茱萸有吴茱萸和山茱萸之分。《图经本草》云："吴茱萸……今处处有之。江浙、蜀汉尤多。木高丈余，皮青绿色；叶似椿而阔厚，紫色；三月开花，红紫色；七月、八月结实，似椒子，嫩时微黄，至成熟则深紫。"又《风土记》曰："俗尚九月九日，谓为上九，茱萸至此日，气烈熟色赤，可折其房以插头。"山茱萸为落叶乔木，清明时节开黄色花，秋分至寒露时成熟，核果椭圆形，红色。

〔101〕凝土刿木：搏泥雕木。刿，本意指削尖、锐利，引申为雕刻。

〔102〕体：体验。

〔103〕未若作车：不如乘车。作，同"坐"。

〔104〕员方象乎天地：圆方如同天地，即如天圆地方。员，同"圆"。

〔105〕夏言以庸之服：《夏书》说驾车行装要穿着简朴。

〔106〕周曰聚马之器：《周书》说车马具要集中管理。

〔107〕陋移：陋，狭小、简略。移，挪动、移交。意思指简陋承传。

〔108〕饰异：矫饰变异。

〔109〕华夷：华，犹言"夏"，华夏民族。夷，原是华夏族对非华夏族民族的统称，但这里这个"夷"是广义上的"夷"，即四方民族的统称，居夏为夏，居楚为楚，居越为越，均为华夷。

〔110〕李尤：字伯仁，广汉雒人也。少年时就以文章闻名。

用　材[1]

　　造坐车子之制，先以脚[2]圆径之高为祖[3]，然后可视梯槛[4]长广得所，脚高三尺至六尺[5]，每一尺脚三尺梯有余寸，积而为法[6]。

　　车头[7]长九寸至一尺五寸[8]，径七寸至一尺二寸[9]。

　　辐长随脚之高径，广一寸五分至二寸六分[10]，厚一寸至一寸六分[11]。

　　造辋法，取圆径之半为祖，便见辋长短。如是十四辐造者，七分去一，每得六分，上却加三分[12]。十六辐造者，四分去一，每得三分，却加一分八厘。十八辐造者，三分去一，每加前同。如是勾三网[13]造者，料材[14]便是辋之长，名为六料子辋。牛头各加在外。

　　辋厚一寸，则广一寸五分[15]，为（谓）之四六辋[16]。减其广，加其厚，随此加减。

　　梯槛取前项脚圆径之高，随脚高一尺[17]，辕梯共长三尺[18]有余寸，安轴处广三寸半至六寸[19]。山口[20]厚一寸五分至二寸二分[21]，山口外前梢于鹅项，后梢于尾棍，积而为法。

　　义棍[22]二条或四条，长随梯槛广之外径，广二寸至一分[23]，厚寸五分至一寸九分[24]，上平地出心线压白破棍[25]，夹卯撺[26]向外。子棍二条或四条，随大义棍之长广，与前大义棍同厚一寸至一寸二分[27]，两边各斜破棍向下，上压白，各开口嵌散水棵子[28]，两头凿入大义棍之内。底版棍[29]四条至六条，长随义棍，广一寸六分至二寸[30]，厚一寸至一寸一分[31]。后露明尾棍[32]长随梯之内，方广一寸二分至一寸六分[33]，从心梢向两头，六瓣破棍[34]。底版长随两头里义棍，广随两梯之内，厚五分至六分[35]。

　　耳版[36]随梯槛之外两壁棍，上广三寸至五寸[37]，厚六分至一寸[38]，前加广与后头方停[39]，或梢五分八分[40]。

楼子地栿木[41]，随梯槛大小用之，材方广一寸八分至二寸二分[42]，厚则减广之厚，长随前后子义楇之外，广则与耳版两边上同齐，或减五分[43]向里至六分[44]，两下破瓣压边线。横楇[45]夹卯撺向外。

立柱[46]一十二条至一十八条，径方广一寸至一寸二分[47]，圆棍梢向上。前头两角立柱，高三尺五寸至四尺二寸[48]。后头两角立柱，比前角立柱高一尺[49]，则减低二寸有余[50]。心内立柱加高为(谓)之龟盖柱[51]。

平子格[52]，长随地栿木之长，广随两头横之外，材广一寸八分至二寸[53]，厚八分至一寸二分，两下通棍。

荷叶横杆子[54]，径方广一寸至一寸二分[55]。

顺脊杆子五条，随楼子前后之长，径方广荷叶杆子同。

沥水版[56]随两檐边杆子之长，广二寸二分四分[57]，厚五分[58]。荷叶沥水版[59]，随荷叶杆子撺之长，径广厚随沥水版同。

水版[60]，长广随立柱平格下用之版，厚四分至五分[61]，四周各入池槽下凿入地栿木之内，上下方一尺[62]。

箭杆木[63]，后口格上下串透圆棍，径广五分[64]。

护泥[65]随车脚圆径之外，离二寸二分至一寸五分[66]，广七寸至八寸[67]。下顺者地栿木，两头横者靴头木[68]，径方广一寸六分至二寸[69]。地栿木上下立者月版楇[70]，楇之外月版，版前露明者月圈木，月圈上横楇木，楇上罗圈版凿入靴头木之内，罗圈版上两边各压圈楞枝条木[71]。

托木楇[72]二条，长随梯槛横之外，上坐护泥靴头木，外同集径[73]，广一寸八分至二寸四分[74]，厚八分至一寸二分[75]。

车轴[76]长六尺五寸至七尺五寸[77]，方广四寸至四寸八分[78]。

呆木[79]三条，高随前后辕之平，圆径一寸至一寸二分[80]。

义杆二条，是柱楼子前虚檐[81]，圆径一寸至一寸四分[82]。

后圈义子[83]，长广随楼子后两角立柱之广，高一尺二寸至一尺四寸[84]。

辟恶圈[85]于楼子门前用之[86]，下是地栿木，上是立桩子，内用水版，四周各入池槽，上安口圈木[87]，长随前月版[88]，广随楼子前两角立柱，高一尺二寸至一尺三寸[89]。

结头一个，长随前辕鹅项鉤之长，广二寸至二寸五分[90]。

凡坐车子制度内，脚高一尺[91]，则楼子门立柱外向前虚檐引出八寸五分至一尺[92]。其后檐随脊杆子之长，如脊杆子长一尺，则向后檐立柱外引出一寸至一寸二分[93]，增一尺更加减则亦如之[94]。两壁檐减后檐之一半。

其车子有数等，或是平圈，或作靠背辇（輂）子平顶楼子，上攒荷亭子，大小不同，随此加减。

注释

〔1〕用材：指制作过程中按工序先后依据功用量裁木料。

〔2〕脚：车轮，北方呼轮为车脚。

〔3〕祖：开始。谓造车最初的尺寸参照值。

〔4〕梯栏：《永乐大典》本写作"櫳"，疑为"栏"之误，作栏杆、横木解。梯栏，形状像梯状，故名。谓五明坐车子的梯状底座，其作用如马车之轸。

〔5〕三尺至六尺：《梓人遗制》中的尺度用宋尺还是元尺，没有定论。但是《梓人遗制》成书在1264年，元朝定国号在1271年，灭南宋在1279年，虽说北方受元朝势力影响，但度量衡的推行绝非一朝一夕之事，尤其民间推行更为不易。元代度量少用而多权衡量，因此，薛氏所用尺度依据宋尺的可能性极大。宋代尺度名目繁多，分常用官尺、礼乐和天文用尺、地区或民间用尺。木工用尺与布帛用尺又有所不同。总体来说，宋尺小而元尺大。现根据《中国科学技术史·度量衡卷》（科学出版社，2001年），采用宋代常用尺标准31.4厘米。三尺至六尺，相当于今天米制的94.2厘米至188.4厘米。以下《梓人遗制》数据均用此尺度制换算。

〔6〕积而为法：采用若干个数相乘的方法。若干个数相乘的结果称为这些数的"积"，此处指按照轮和梯的对应比例累积得出结果。法，方法。

〔7〕车头：即毂。

〔8〕九寸至一尺五寸：约合28.26厘米至47.1厘米。

〔9〕七寸至一尺二寸：约合21.98厘米至37.68厘米。

〔10〕一寸五分至二寸六分：约合4.71厘米至8.16厘米。

〔11〕一寸至一寸六分：约合3.14厘米至5.02厘米。

〔12〕如是十四辐造者，七分去一，每得六分，上却加三分：按十四辐车轮的制造方法，半径是七分，七分去一，取其六，上面再加余数十分之三。现假设车轮直径为六尺，轮围为十八尺八寸四分九厘六毫，其半径七分之六，为二尺五寸七分一厘四毫，再加余数十分之三，即为辋长。将轮围除以辋长，得数刚好是七辋，即每辋安装二辐，与现在的形制相同，说明古人并没有杜撰。其加余数之法，系以大木推山的方法。大木是指建筑物一切骨干木架的总名称，大小形制有两种，有斗拱的大式和没有斗拱的小式。在结构上可以分作三大部分：竖的支重部分——柱，横的被支的部分——梁、桁、椽及其他附属部分，以及两者间过渡部分——斗拱。推山，即庑殿，宋称四阿，建筑屋顶的一种特殊手法，由于立面上的需要将正脊向两端推出，从而四条垂脊由45度斜直线变为柔和曲线，并使屋顶正面和山面的坡度与步架距离都不一致。诠释原文，竟然如此吻合，又可证明大小木原则。其算式如下：轮径=6尺，约合188.4厘米；半径=3尺，约合94.2厘米；轮围=18.8496尺，约合591.88厘米；七分之六半径=3尺×6÷7=2.5714尺，约合80.74厘米；余数十分之三=（3-2.5714）×3÷10=0.12858尺，约合4.04厘米；辋长=2.5714+0.12858=2.7尺，约合84.78厘米；辋数=18.8496÷2.7=7辋。

〔13〕勾三网：即勾三辋，载重之车名。勾三辋的辋与辐皆六，所以叫六料子辋。

〔14〕料材：《永乐大典》本写作料杖，疑为料材之误，故改之。

〔15〕一寸五分：约合4.71厘米。

〔16〕四六辋：辋厚宽四六之比，与《营造法式》载梁之切面相同。《营造法式》卷五《大木作制度》："凡梁之大小，各随其广，分为三分，以二分为厚。"广即梁高，与此同。

〔17〕一尺：约合31.4厘米。

〔18〕三尺：约合94.2厘米。

〔19〕三寸半至六寸：约合10.99厘米至18.84厘米。

〔20〕山口：夹辕梯外侧的片状木板。

〔21〕一寸五分至二寸二分：约合4.71厘米至6.91厘米。

〔22〕义棿：五明坐车子的梯槛搁在辕梯上，梯槛两侧木杆叫义棿。依据车前后位置，后梯槛的外侧木杆叫义棿，内侧木杆叫里义棿。

〔23〕二寸至一分：约合6.28厘米至0.31厘米。疑有脱误，待考。

〔24〕寸五分至一寸九分：疑为一寸五分至一寸九分，约合4.71厘米至5.97厘米。

〔25〕棍：《永乐大典》本原作混，疑为棍误，故改为棍。下同。

〔26〕撺：扔、丢，谓突显在外。

〔27〕一寸至一寸二分：约合3.14厘米至3.77厘米。

〔28〕散水桟子：梯槛上面的横格子条木。

〔29〕底版棍：连接两辕梯间的位于中间的两根直木。

〔30〕一寸六分至二寸：约合5.02厘米至6.28厘米。

〔31〕一寸至一寸一分：约合3.14厘米至3.45厘米。

〔32〕后露明尾棍：是半压在辕梯上的直木，故中高，梢低。今制略同。

〔33〕一寸二分至一寸六分：约合3.77厘米至5.02厘米。

〔34〕六瓣破棍：《永乐大典》本原注曰："俗为（谓）之奴婢木。"

〔35〕五分至六分：约合1.57厘米至1.88厘米。

〔36〕耳版：底板之宽度随两梯辕内径，所以梯辕及山口之上另附耳板，耳板，即两侧的意思。

〔37〕三寸至五寸：约合9.42厘米至15.7厘米。

〔38〕六分一寸：约合1.88厘米至3.14厘米。

〔39〕前加广与后头方停：梯槛前窄后宽，所以耳板前部要加阔，而使后头呈方形。

〔40〕五分八分：约合1.57厘米至2.51厘米。

〔41〕楼子地栿木：栿，同"伏"，车厢以下左右侧横木，置于耳板上面。楼子，犹言车厢。

〔42〕一寸八分至二寸二分：约合5.65厘米至6.91厘米。

〔43〕五分：约合1.57厘米。

〔44〕六分：约合1.88厘米。

〔45〕横棍：车厢下面前后两根直木。

〔46〕立柱：位于地栿木上面的竖杆。

〔47〕一寸至一寸二分：约合3.14厘米至3.77厘米。

〔48〕三尺五寸至四尺二寸：约合109.9厘米至131.88厘米。

〔49〕一尺：约合31.4厘米。

〔50〕减低二寸有余：车盖前高后低，有利于落在车盖上的雨水顺着往下流，前后高低相差二寸多。二寸，约合6.28厘米。

〔51〕龟盖柱：车盖形如龟盖由立柱撑起，中略高而四周低。

〔52〕平子格：车厢两侧遮挡用窗格。

〔53〕一寸八分至二寸：约合 5.65 厘米至 6.28 厘米。

〔54〕荷叶横杆子：又谓之月梁子。荷叶横杆子用以承托车盖顺脊杆子，其中部随盖形，向上微曲，故又称月梁子。

〔55〕一寸至一寸二分：约合 3.14 厘米至 3.77 厘米。原注："宛刻在外。"

〔56〕沥水版：车檐的风雨板，在车盖左右侧。

〔57〕二寸二分四分：疑为二寸二分至二寸四分，约合 6.91 厘米至 7.54 厘米。

〔58〕五分：约合 1.57 厘米。

〔59〕荷叶沥水版：指置于车盖前后的荷叶状的沥水板。

〔60〕水版：俗称裙栏板。

〔61〕四分至五分：约合 1.26 厘米至 1.57 厘米。

〔62〕一尺：约合 31.4 厘米。

〔63〕箭杆木：又谓之明卤木。箭杆木系车左右直楔，在裙栏板后平格子上。

〔64〕五分：约合 1.57 厘米。

〔65〕护泥：即挡泥板。

〔66〕二寸二分至一寸五分：约合 6.91 厘米至 4.71 厘米。

〔67〕七寸至八寸：约合 21.98 厘米至 25.12 厘米。

〔68〕靴头木：又谓之八字木。护泥板半弧形木的底脚横档。

〔69〕一寸六分至二寸：约合 5.02 厘米至 6.28 厘米。

〔70〕月版橛：立于护泥地栿木上面的直木。

〔71〕圈楞枝条木：位于护泥板底脚横档中间，用于压固罗圈板。

〔72〕托木橛：俗谓之棍察木，托木橛用以固定护泥，在靴头木下。原图缺。

〔73〕外同集径：外，外侧。"集"字可能误写，实应指护泥。外同集径，即外侧宽与护泥宽径相同。

〔74〕一寸八分至二寸四分：约合 5.65 厘米至 7.54 厘米。

〔75〕八分至一寸二分：约合 2.51 厘米至 3.77 厘米。

〔76〕车轴：车身横梁，上承车舆，两端套上车轮。

〔77〕六尺五寸至七尺五寸：约合 204.1 厘米至 235.5 厘米。

〔78〕四寸至四寸八分：约合 12.56 厘米至 15.07 厘米。

〔79〕呆木：原注："俗为（谓）之三脚木。"朱启钤校刊本按："呆木支撑辕梯，停车时用之，故高与辕等。"

〔80〕一寸至一寸二分：约合 3.14 厘米至 3.77 厘米。

〔81〕柱楼子前虚檐：车盖前部引出颇长，可能是用义杆固定。

〔82〕一寸至一寸四分：约合 3.14 厘米至 4.4 厘米。

〔83〕后圈义子：原注："俗为（谓）之狗窝。"朱启钤校刊本按："后圈义子即车箱后横栏，与左右平格子同一意义，其长随后角柱间距离而定。"

〔84〕一尺二寸至一尺四寸：约合37.68厘米至43.96厘米。

〔85〕辟恶圈：即车前的围栏。

〔86〕于楼子门前用之：《永乐大典》本为"于楼子门前用度"，"度"疑为"之"之误，故改之。

〔87〕口圈木：即轼，古代车厢前面用作扶手的横木。

〔88〕前月版：即軓，车前掩板，在轼之前，与軫前后相对。

〔89〕一尺二寸至一尺三寸：约合37.68厘米至40.82厘米。

〔90〕二寸至二寸五分：约合6.28厘米至7.85厘米。

〔91〕一尺：约合31.4厘米。

〔92〕八寸五分至一尺：约合26.69厘米至31.4厘米。

〔93〕一寸至一寸二分：约合3.14厘米至3.77厘米。

〔94〕增一尺更加减则亦如之：原注："长一丈引出一尺至二寸。"

功　限〔1〕

坐车子一量（辆），脚楼子、梯槛、护泥、杂物等相合完备皆全，高三尺〔2〕脚者四十功，高四尺〔3〕者五十四功，五尺〔4〕者八十七功。

注释

〔1〕功限：功，通"工"，工作量。限，限度，指定的范围。功限，即工作量的限定，工时估算。

〔2〕三尺：约合94.2厘米。

〔3〕四尺：约合125.6厘米。

〔4〕五尺：约合157厘米。

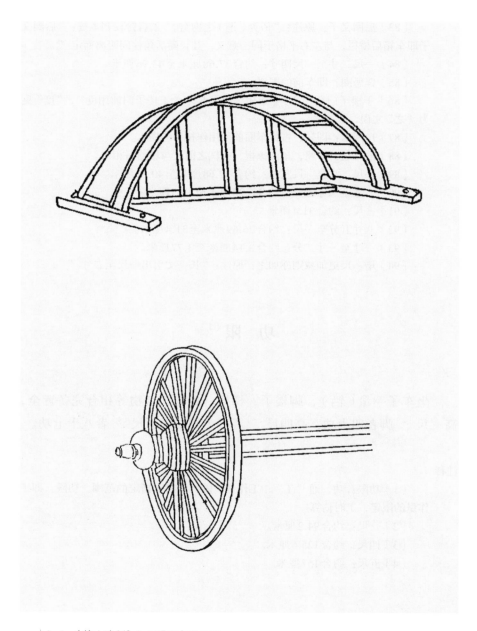

2-1 《梓人遗制》之五明坐车子原图。

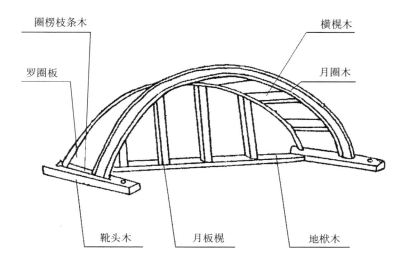

圈楞枝条木

横楗木

罗圈板

月圈木

靴头木　　　月板楗　　　地栿木

2-2　《梓人遗制》之五明坐车子护泥图释。

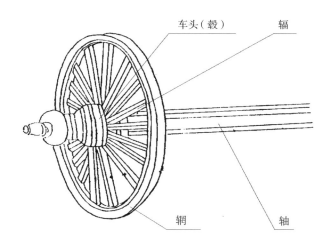

车头（毂）　　辐

辋　　　轴

2-3　《梓人遗制》之五明坐车子车轮图释。

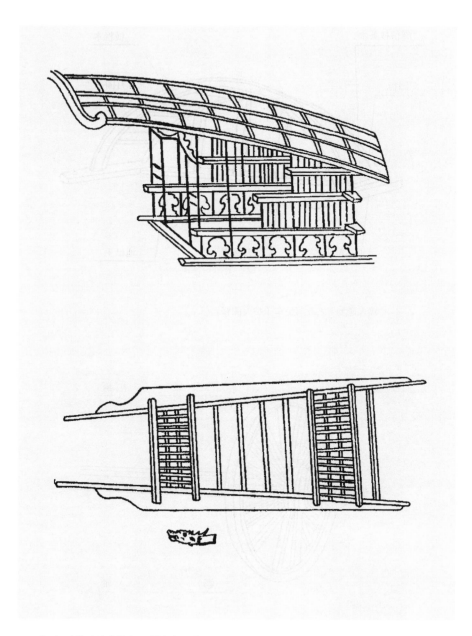

2-4 《梓人遗制》之五明坐车子原图。

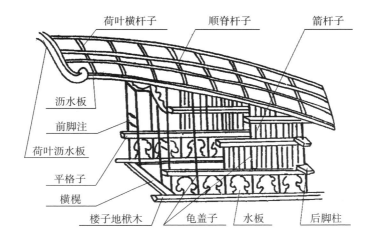

荷叶横杆子　　顺脊杆子　　箭杆子

沥水板
前脚注
荷叶沥水板
平格子
横榥

楼子地栿木　　龟盖子　　水板　　后脚柱

2-5　《梓人遗制》之五明坐车子车舆图释。

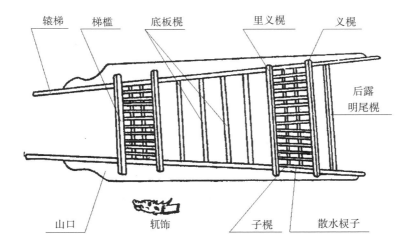

辕梯　　梯槛　　底板榥　　里义榥　　义榥

后露
明尾榥

山口　　轵饰　　子榥　　散水榥子

2-6　《梓人遗制》之五明坐车子底板图释。

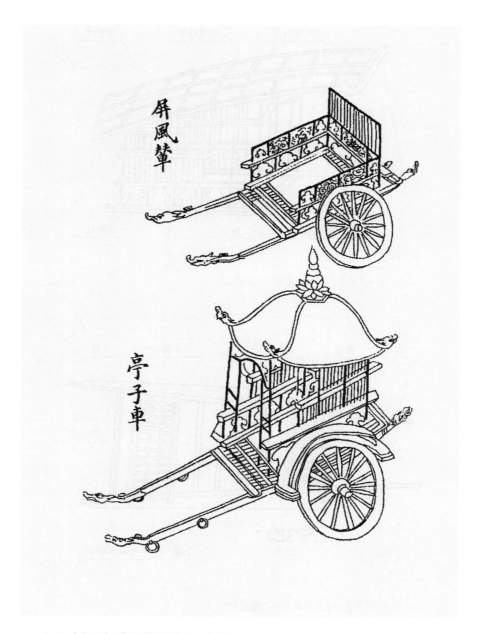

2-7 《梓人遗制》之屏风辇和亭子车原图。

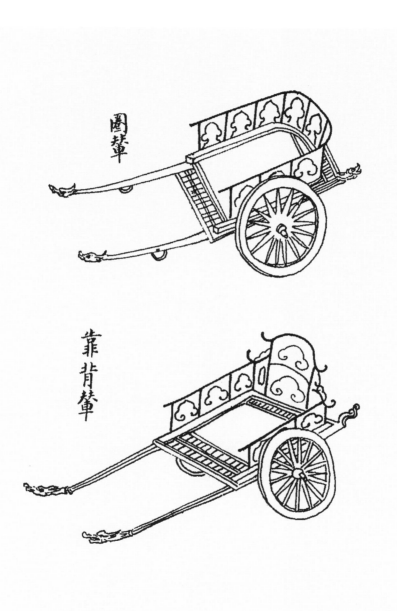

2-8 《梓人遗制》之圈辇和靠背辇原图。

古车源流简说

　　《梓人遗制》中"五明坐车子"之"叙事"一节关于古车起源，征引了古文献中的传说，即黄帝造车和奚仲造车两说。又有史料说，黄帝造车是指黄帝发明最原始的车子，而以马驾车则是到奚仲时才开始的，然而古史渺茫，俱不可全信。

　　由黄帝造车的传说来看，中国在新石器时代晚期即已发明车子，然而目前的考古发现并没发现车子的相关信息。鉴于这种不确定性，孙机先生认为，中国新石器时代出现的纺轮、陶轮，特别是琢玉用的轮形工具，在技术发展史上，都应被看作是车的直接或间接的前驱。

　　目前中国发现最早的马车见于安阳殷墟、西安老牛坡、滕州前掌大遗址，均属于商代晚期。属于殷墟二期的妇好墓曾出土两件铜镳，表明当时可能已经使用马车。1996—1997年中国社科院考古所在河南偃师商城城墙内侧发现了商代早期的路面上，有相当于二里头文化时期的双轮车车辙，将中国使用双轮车的时间提早到商代早期。

　　那么，双轮车车辙所引发出来的双轮车，它的源头又在哪里呢？

　　王巍先生将两河流域公元前两千纪前半叶的双轮车子与商代晚期的车子相比较后认为，两者之间存在着很多相似之处：（1）均为单辕、双轮、一衡、一舆；（2）舆与衡叠压相交，以革带绑缚连接；（3）衡两侧各有一人字形车軛；（4）辕与轴在车舆下垂直相交，舆位于轴的正中；（5）车轮为辐条式，辐条两端分别插于牙和车毂之中；（6）车轴两端各有一辖，用以固定车毂；（7）使用青铜衡、镳、軛、辖等车马器；（8）均主要用作战车。所以其间必有某种内在联系。已有的发现，从哈萨克岩画上面的无辐车轮、嘉裕关黑山岩画的圆板状无辐车轮以及内蒙古阴山岩画、新疆阿勒泰岩画的类似发现，可以窥见中亚、西亚与我国新疆、内蒙古的密切关系，以及西方马车向东方传布的历程。但是，问题在于目前还没有对这些岩画进行准确断代的具体方法。

西周的车，在形制、结构方面继承了商的传统，以双轮车为主，战车和乘车无明显区别。但为了满足统治者对舒适奢华的追求，在局部结构和装饰方面调整改进较多，如直衡改曲衡，辐数增多，舆上安装车盖，许多关键部位都采用了铜构件等。到了春秋战国，由于军事的需要，战车开始向灵便轻巧、坚固耐用的方向发展，乘车则出现了更多不同的车型。秦汉之际，用于帝王公卿出行仪典的车辂形成完备的制度。

秦汉以后，由于骑兵的崛起，战车使用渐少，逐渐被淘汰出战场。与此同时，用于马匹的鞍具制作不断完备，弃车骑马开始成为王公显贵们的时尚行为。至魏晋时期，高级乘车大都由牛来驾挽，马车改为以运输货物为主，车的形制、结构则继承了西汉以来的传统，以双辕为主，辕装在车箱的两侧。汉晋几百年间，独轮车、记里鼓车和指南车的发明，在中国古代科学技术史上留下了光辉的一页。

奚仲造车，古人云奚车，北方至迟在元初还是叫奚车。这种车的形制是古代流传下来的，但在元初已有很多造型，农民凡夫用的叫役车，官吏用的俗称五明车。如《梓人遗制》中"五明坐车子"的形制源于奚车，其为辽时奚车在元人中改作官吏常用的驼车的别称。这种车在宋元时期的北方比较多见，说明古车的品种，不仅有历史上流传下来的车的基本形制，还有不同地区和民族的车以及为适应不同需要而出现的许多不同特色与造型的车，如宋代官方编修的《武经总要》中就列举有不同用途的战车数十种。

明清的车基本承沿唐宋传统，另流行车轿。至晚清时，从西方引入自行车、机动车以及火车，传统的畜力车逐渐退出历史舞台。

3-1　1955年陕西省西安市出土新石器时代陶纺轮，纺轮直径6厘米。

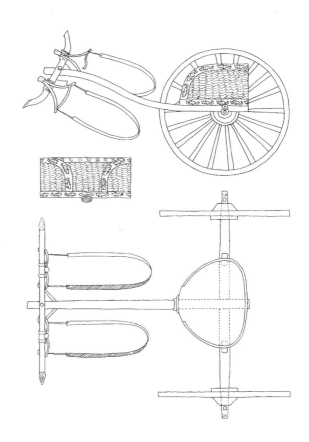

3-2　石璋如根据安阳殷墟小屯M20号车马坑出土资料复原的商车图。

3-3　1981年湖北江陵楚墓出土的战国时期车马坑。两驾车马同时殉葬，表明死者身份应是王公贵族。

3-4　1980年秦陵园西侧出土青铜铸大型车马模型两乘，此为安车模型。史书记载，秦始皇乘坐的安车车厢有窗户，"闭之则温，开之则凉"，故又叫凉车。

3-5　原物为1972年甘肃武威磨咀子48号汉墓出土木双辕轺车,车通高97厘米,长80厘米,现藏甘肃省博物馆。(图采自《中国古代车舆马具》)

3-6　〔晋〕顾恺之《洛神赋图》中的驷马高车。古代驾四马的高车均为显贵者所乘。

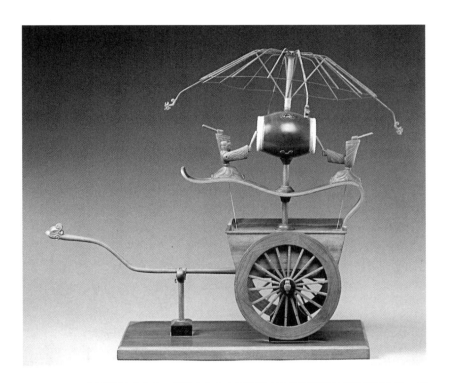

3-7 王振铎根据《宋史·舆服志》及东汉孝堂山画像石资料复原的记里鼓车。记里鼓车是配有减速齿轮系统的古代车辆，因车上木人击鼓以示行进里数而得名。

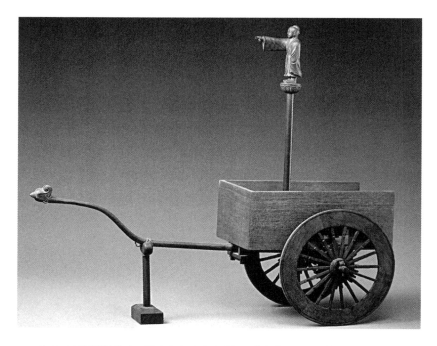

3-8 王振铎根据《三国志》注引《魏略》及《宋史·舆服志》复原的指南车。指南车因利用齿轮传动系统和离合装置来指示方向而得名。

3-9　1953年陕西省西安市草厂坡魏晋墓葬出土陶牛车。通长40厘米，宽21厘米，高22.5厘米。（中国国家博物馆藏）

3-10　内蒙古昭乌达盟敖汉旗北三家村辽墓壁画上的驼车。

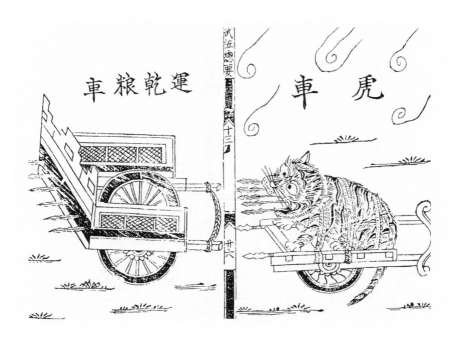

3-11　宋代的虎车和运干粮车。（图采自《武经总要》）

辎重车

3-12　明代的辎重车。（图采自《四镇三关志》）

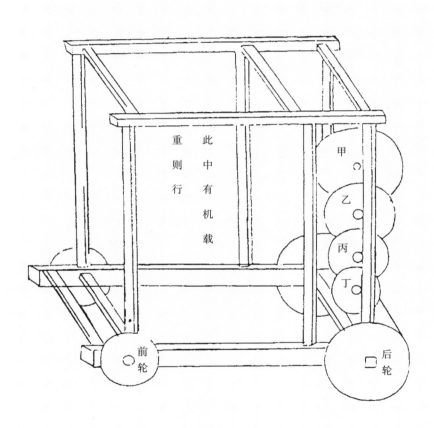

3-13　清代从西方传入的准自鸣钟推车自行车。（图采自《诸器图说》）

人力车、辇、轿

　　《梓人遗制》介绍了五明坐车子、圈辇、靠背辇、屏风辇、亭子车，五明坐车子下列"叙事""用材""功限"，圈辇、靠背辇、屏风辇、亭子车四种仅存车形图，其中辇占多数，但相关文字介绍已经全部佚散。

　　在《辞海》中，"辇"的第一个义项是"人推挽的车"。在古代，推动车子前行的动力主要依靠畜力和人力两种。与畜力相比，人力车的使用情况相对要复杂得多。

　　《竹书纪年·帝癸》载："迁于河南，初作辇"，意思是古代人用辇，开始于夏桀。《帝王世纪》谓夏桀"以人驾车"，《后汉书·井丹传》亦谓"桀驾人车"，说明夏桀以人驾车已为习常。行车，本可以畜力为之，而夏桀却要乘人力挽引之车，这应该是夏桀炫耀权贵的表现。夏代的这种辇，还有一个名称叫"余车"。

　　商代金文有"辇"字，出自辞文"其呼箇辇又正"。经考，辞文中的"箇"是商代战争队列中右队之长的称谓，"辇"指辇车，是乘坐的马车，而非专指人挽之车。但是，此处称辇不称车，是因为其确实又借用了人力。在古代，马车在行进中往往会因道途难行，需要人前挽后推，有时甚至是为了借用人的挽推，协力造势。如《周礼·地官·乡师》云："大军旅，会同，正治其徒役，与其辇辇。"郑注："辇，驾马，辇，人挽行。"《司马法》曰："夏后氏二十人而辇，殷十八人而辇，周十五人而辇。"文中所谓的辇，指的就是这层意义。

周代称人挽之车为栈车，《诗·小雅·何草不黄》云："有栈之车，行彼周道。"《毛传》："栈车，役车也。"孔疏："有栈之辇车，人挽以行。"又《周礼·春官·巾车》有云："服车五乘：孤乘夏篆，卿乘夏缦，大夫乘墨车，士乘栈车，庶人乘役车。"郑注："栈车不革鞔而漆之。役车，方箱，可载任器以共役。"贾疏："庶人以力役为事，故名车为役车……役车亦名栈车，以其同无革鞔故也。"由此考见，古代人力推拉的栈车，大体为木轮带方箱以供力役载物的简易小车，故一称役车，主要见于平民阶层。另，周代的辎车、辇，系同指一物。

《通典》载："秦以辇为人君之乘"，说的是秦以后帝王、皇后所乘的辇车去轮为舆，由马拉改为人抬，由是称作"步辇"。熊忠的《古今韵会举要》解释道："谓人荷而行，不驾马。""步辇"开始时多为王后妃子所用，如汉代班固在《西都赋》中说："乘茵步辇，惟所息宴"，又引应劭《汉宫仪》曰："皇后婕妤乘辇。"晋唐时，帝王也乘坐辇，并逐渐以此作为自己小行幸的专用工具。辇的绘画图像有宋人摹本以及唐阎立本的《步辇图》。历代辇的形制有所不同，以唐代为例，据《通典·辇舆》载："大唐制，辇有七"，即"一曰大凤辇，二曰大芳辇，三曰仙游辇，四曰小轻辇，五曰芳亭辇，六曰大玉辇，七曰小玉辇"。

与车辇交错发展的人力行进工具——轿，从形态和功能方面比较，两者实是异名同物，轿由辇发展而来。但是，轿之名使用较晚，汉代始有"舆轿"，《汉书·严助传》记载："舆轿而隃岭。"宋代有了专指的"轿子"，见宋人王铚《默记》援引旧说："艺祖初自陈桥推戴入城，周恭帝即衣白襕，乘轿子出居天清寺。"宋以后，轿子还有别名，但作为非畜力行进工具而使用，清俞正燮《癸巳类稿·轿释名》总结曰："古者名桥，亦谓之辇，亦谓之茵，亦谓之辎，亦谓之辎軿，亦谓之舁车，亦谓之担，亦谓之担舆，亦谓之小舆，亦谓之板舆，亦谓之笋舆，亦谓之竹舆，亦谓之平肩舆，亦谓之肩舆，亦谓之腰舆，亦谓之兜子，亦谓之篼，而今名曰轿，古今异名，同一物也。"

　　然而《梓人遗制》中的圈辇、靠背辇、屏风辇，从形制特点看，都应属于畜力车辇的范畴，亭子车似乎也不例外。其中圈辇、亭子车的双辕上面留有金属环，是用来固定车衡的，靠背辇、屏风辇的双辕上面没有金属环，通常是直接以绳索系绑起到车衡的作用。所以，《梓人遗制》中的辇不同于单纯以人力行进的步辇或轿，而是依靠畜力牵拉为主，辅助以人力挽推的车辇。这种车辇虽然从商周开始就已经有使用的记载，但与《梓人遗制》中相仿的车辇则从魏晋以后才开始常见起来，并一直延续到明清。

4-1　陕西陇县边家庄5号春秋墓出土木辇车复原图。（图采自《中国古代车舆马具》）

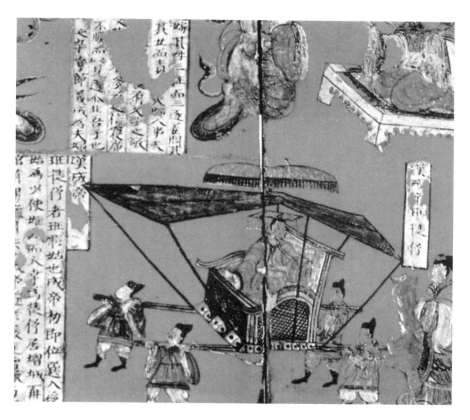

4-2　1966年山西大同司马金龙墓出土北魏木板漆画上面的《步辇图》。

4-3 〔唐〕阎立本《步辇图》中的步辇。《步辇图》描绘的是贞观十五年，唐太宗会见吐蕃赞普松赞干布派来迎亲的使者的场景。（故宫博物院藏）

4-4 《文姬归汉图》中的木辇车。相传为南宋李唐所作。全册共十八开，采一文一图、上文下图的形式，图写《胡笳十八拍》的文字与内容。（台北故宫博物院藏）

4-5　明代小马辇综合复原图。(图采自《中国古代车舆马具》)

车舆部件释名

古代车舆马具部件名目繁多，有些在今天已不常使用。古籍中依旧保留着却少见注释解说，尤其是图解更缺，所以妨碍了我们的阅读，影响了继承和发扬我国优秀的古代文化遗产。在此，我们罗列出主要的车舆马具部件名，并对照独辀车车马具名称说明图、双辕车车马具名称说明图、马鞍具名称说明图予以解释，希望有助于解读古代车马具及相关文献。

古代车舆部件名称解说表

序号	名称	造型及部位	用途注解	文献载录举例
1	节约	位于马首两侧，额带、鼻带与颊带相接处的十字形四通管状铜饰件	将额带、鼻带与颊带串联在一起	《墨子·节葬》："纶组节约，车马藏乎圹。"
2	当颅	额带中央，位于马两眼之间的额前	装饰性铜件，后多改用繁缨做装饰	又称钖，汉代通称当颅
3	鞁具	位于马首额、鼻、颊、嘴角等处	制约或套马用的马具	《国语·晋语九》："吾两鞁将绝，吾能止之。"韦昭注："鞁，靷也。能止马徐行，故不绝。"

序号	名称	造型及部位	用途注解	文献载录举例
4	镳	马嘴角处的铜饰扣件	串缀咽带、鼻带与颊带，有时控制马首的辔绳也系在它上面	《仪礼·既夕礼》："木镳，约绥，约辔，木镳，马不齐髦。"
5	衔	卡在马嘴角处的铜环扣	勒马时配合马镳使用，马衔的环伸出马镳外面，辔绳系在镳外的环中	《庄子·马蹄》："诡衔窃辔。"成玄英疏："窃辔即盗脱笼头，诡衔乃吐出其勒。"
6	络头	整个像网子那样的东西，分布于马首额、鼻、颊、嘴角等处	网络马首的鞍具，以制约马之用	《乐府诗·陌上桑》："青丝系马尾，黄金络马头。"
7	前鞍桥	马背鞍具前端翘立部位	保持骑坐者重心稳定，也为乘者的上下方便	《北史·傅永传》："能手执鞍桥，倒立驰骋。"
8	后鞍桥	马背鞍具后端翘立部位	保持骑坐者重心稳定，也为乘者的上下方便	
9	鞍翼饰片	前后鞍桥下缘	装饰用马具	
10	鞍鞯	连接前后鞍桥间以衬托马鞍的垫子	防磨损马背，使座位更舒适	古乐府《木兰诗》："东市买骏马，西市买鞍鞯。"
11	云火珠	垂饰于马尻	连接鞦带的装饰品	
12	鞦带	自鞍后绕过马尾下兜过尻部，再连接在鞍上	避免鞍具前斜	《晋书·潘岳传》："时尚书仆射山涛、领吏部王济、裴楷等并为帝所亲遇，岳内非之，乃题阁道为谣曰：'阁道东，有大牛。王济鞅，裴楷鞦。'"鞦带也写作鞧带

（续表）

序号	名称	造型及部位	用途注解	文献载录举例
13	杏叶	挂饰在鞦带、胸带上面，也用于马额前装饰	装饰用马具	〔宋〕范成大《浣溪沙》："红锦障泥杏叶鞯，解鞍呼渡忆当年。"
14	障泥	设于鞍鞯之下，垂悬马腹两侧	障尘挡泥用的马具	〔唐〕李商隐《隋宫》："春风举国裁宫锦，半作障泥半作帆。"障泥作为马具出现约在东汉末年
15	肚带	经过马匹腹下连接马鞍两侧的皮带	把马鞍固定在马背上	〔元〕马致远的散套《般涉调·耍孩儿·借马》："歇时节肚带松松放，怕坐的困尻包儿款款移。"
16	镫	挂在马鞍两旁的铁制脚踏，连接马鞍落至马腹位置	供乘者上下马时蹬踏之用，并解决骑乘时的安稳问题	〔金〕周昂《利涉道中寄子端》："遗鞭脱镫初不知，指僵欲堕骨欲折。"
17	繁缨	缀于马鞅或马当胸下	缨络状装饰物	〔唐〕杜牧《扬州三首》："纤腰间长袖，玉佩杂繁缨。"按乘者的身份高低，繁缨可分为十二条、九条、七条不等
18	胸带	固定鞍具的革带	固定鞍具用	〔唐〕白居易《有小白马乘驭多时奉使东行至稠桑驿溘然而毙足可惊伤不能忘情题二十韵》："银收钩膺带，金卸络头羁。"胸带也称攀胸，唐代则称之为"钩膺带"
19	缰	一端系于衔两侧环上，另一端握御者手中	拴牲口的绳子，用以制驭马的行止	《释名·释车》："缰，疆也，系之使不得出疆限也。"
20	軛	驾车时套在牲口脖子的曲木	用以驾驭牲口	《说文解字·车部》："軛，辕前也。"段注："辕前者，谓衡也。"

序号	名称	造型及部位	用途注解	文献载录举例
21	軏饰	与车衡相衔接的辕或辀端	装饰用	《论语·为政》："大车无辄，小车无軏，其何以行之哉！"
22	銮	装于辀首或衡上的铜制扁球状的铜铃	铜铃上有放射状孔，内含弹丸，车行时振动作响，声似鸾马齐鸣，所以也写作"鸾"，属装饰性部件	一般车只在辀首上装銮，共计四銮。豪华的车还要在车衡上的四个顶也各装一銮，共为八銮。〔晋〕崔豹《古今注·舆服志》："鸾口衔铃，故谓之銮铃。今或为銮，或为鸾，事一而义异也。"
23	衡	车辕头上套牲口的横木	用以缚辀驾马	《论语·卫灵公》："在舆，则见其倚于衡也。"
24	衡末	衡的末端，端头往往有上翘的造型，弯的部分常表现为牛角形或兽头形	装饰用马具	
25	轙	车衡两侧的四个"U"字形铜环	用以贯穿马缰绳	《淮南子·说山训》："遗人车而税（脱）其轙。"
26	辔	一端系于衔环上，一端握在御者手中	用以制驭马的行止	即马的缰绳。《诗·秦风·小戎》："四牡孔阜，六辔在手。"
27	鞅	围绕马颈系结于辀两端的皮带或绳索	用以缚固马辀以防脱落	战国以后，辀靷法向胸带法过渡。胸带法将原先的鞅与靷相连接，承力部位降至马胸前，使辀变成一个支点，只起支撑衡、辕的作用。此法较辀靷法更为简便实用，它出现在我国不晚于公元前3世纪，而西方要到公元8世纪才出现此法，比我国迟了一千多年。杜牧《街西长句》："绣鞅璁珑走钿车。"

（续表）

序号	名称	造型及部位	用途注解	文献载录举例
28	颈靼	在輈肢下端的双脚的钩首上，一里一外，上下相叠的系结，里圈的为革带状，外圈的为皮索状	承力挽车，束约马轭，防止马轭移位滑脱	
29	鞧	套于马后的皮带	约束并牵引之用	《左传·僖公二十八年》："晋车七百乘，鞹、靷、鞅、鞧。"杜预注："在背曰鞹，在胸曰靷，在腹曰鞅，在后曰鞧。言驾乘修备。"
30	当胸	围绕马前胸连接靷的宽带	供拉曳系驾并保护马前胸	秦汉起，仅用单马即可曳车时始用当胸
31	軏	輈的末端。车輈两边下伸反曲以夹牲头的部分	系结颈靼时以防其脱落	《左传·襄公十四年》："射两軏而还。"
32	鞅	横绕马腹一圈的革带	约束骖马靷带套环不移位或用于服马，防止车舆后部负荷超重时车衡上翘、引起车輈收勒马颈而设	《史记·礼书》："鲛鞅弥龙。"裴骃集解引徐广曰："鲛鱼皮可以饰服器，音交。鞅者，当马腋之革，音呼见反。"司马贞索隐："鞅，马腹带也。"
33	游环	系于马腹革带上面与靷带相套接的圈环	约束鞅与靷带于固定的位置	《释名·释车》："游环，在服马背上，骖马之外辔贯之，游移前却，无定处也。"
34	加固杆	车輈中部到輈軏之间加缚的木杆	为防止车輈折断	

（续表）

序号	名称	造型及部位	用途注解	文献载录举例
35	靷	中国近代民间的大马车前边拉车的马每匹都有两根绳（俗称套绳），先秦采用靷法，四匹马用一条绳。骖马没有靷，只是在马脖子上套一颈带，绳的一头系在颈带上，另一头拴在车箱的底桃上。服马脖子上有车轭，绳的一头拴在车轭上，一头拴在车轴上	引车前行	《说文解字·革部》："靷，引轴也。"
36	辕	马车居中的车杠，前与车衡相接，后端和车轴相连	连接车厢与车衡，使畜力能引车前行，并保持车行走平稳	夹在马车两旁的两根直木叫辕，适用于大车。用于牛车的单根车杠也称辕
37	辀	一端为方形，置于轴中央，从车底伸出，渐渐隆起，又渐成圆木	连接车厢与车衡，使畜力能引车前行	用于大车上的称辕，用于兵车、田车、乘车上的称辀。《左传·隐公十一年》："颍考叔挟辀以走，子都拔棘以逐之。"
38	帷	车的帷盖或篷	避雨遮阳之用	《汉书·陈汤传》："夫犬马有劳于人，尚加帷盖之报，况国之功臣者哉！"
39	轼	车箱前面的横木	供人凭倚	《释名·释车》："轼，式也，所伏以式敬者也。"
40	橑	帷盖下面的各支撑条弓	撑张帷盖，以蒙覆盖帷	即盖弓，段玉裁《说文解字注·车部》："盖弓曰橑，亦曰椽，椽者橑也，形状略似也。"按照《周礼·考工记》和《大戴礼记·保傅》的说法，盖弓应有二十八条，以象征二十八宿。但是，也有发现为二十条的

（续表）

序号	名称	造型及部位	用途注解	文献载录举例
41	蚤	铜蚤位于盖弓末端	钩住帷盖的缯帛将其撑开	蚤，即盖弓帽，爪之意。《周礼·考工记·轮人》："参分其股围，去一以为蚤围。"
42	部	帷盖柄即车杠的顶端	装饰之用	也叫保斗、盖斗。《周礼·考工记·轮人》："部广六寸。"郑玄注引郑司农："部，盖斗也。"帷盖柄，也叫车杠
43	达常	最上面一节的帷盖柄	汉代车上车杠分为两截，为的是拆接装卸方便	《周礼·考工记·轮人》："轮人为盖，达常围三寸。"
44	軬轪	帷盖柄上面的铜质接插件	用于接插两截帷盖柄	〔唐〕房玄龄等《晋书·五行志》："三年正月，桓玄出游大航南，飘风飞其軬轪盖，经三月而玄败归江陵。"
45	桯	帷盖柄的下半截，植于车箱上	汉代车上车杠分为两截，为的是拆接装卸方便	《周礼·考工记·轮人》："桯围倍之，六寸。"郑玄注引郑司农曰："桯，盖杠也。"
46	輢	车厢左右的轸或木板	供凭倚之用	《战国策·赵策三》："今王憧憧，乃辇建信以与强秦角逐，臣恐秦折王之椅也。""椅"，鲍彪本作"輢"，注云："輢，车旁也。"
47	较	车厢左右的輢上的把手或横木	立乘时，为了避免车颠人倾	《诗·卫风·淇奥》："猗重较兮。"陆德明《经典释文》："较，车两旁上出轼也。"
48	舆	车乘人的部分	供人乘坐之用	本谓车厢，因即指车。《老子·第八十章》："虽有舟舆，无所乘之。"又转义为轿子，如肩舆

（续表）

序号	名称	造型及部位	用途注解	文献载录举例
49	帷帛	帷盖表面交叉挂下的四角缚于车铃或角柱的帛带	装饰并加固帷盖	帷帛始于战国后期的秦国，汉代时风行一时
50	屏泥	车厢前挡泥	用于装饰，也遮挡行车中扬卷起的尘泥	〔南朝宋〕范晔《后汉书·刘玄传》引《续汉书》曰："牧欲北归随，武等复遮击之，钩牧车屏泥，刺杀其骖乘，然不敢杀牧也。"
51	笭	车轼下面，前轸木前一纵横交结的竹木编织物	用来遮挡尘泥，保护车厢前厢板、轸木	《释名·释车》："笭，横也，在车前，织竹作之，孔笭笭。"
52	牙	车轮的外圆框，是用两条直木经火烤后揉为弧形拼接而成	形成圆形车轮	因圆框接合处凿成齿状，以求坚固，所以叫牙。牙之名多见于汉代以前，汉代以后常用辋字
53	轸	车厢底部的四周木框	作为支撑车厢的底架	《周礼·考工记·舆人》："六分其广，以一为之轸围。"
54	轴	横置在舆下的圆木杠	上驾车舆，两端套车轮	《说文解字·车部》："轴，持轮也。"
55	伏兔	位于轴与舆底两轸十字相交处的部件	连接车轸与车轴的作用，并对轴和舆轮木起到一定的保护作用，同时可以减震	因其形如伏兔故名。《说文解字》载："轐，车伏兔也。"伏兔又叫屐、輹。《释名·释车》云："屐，似人屐也。又曰伏兔，在轴上似之也。又曰輹。輹，伏也，伏于轴上也。"
56	毂	车轮中心，有洞可以插轴的部分	毂上承受车厢的重量，又受到车辐转动时的张力，还要抵抗车轴的摩擦	《楚辞·九歌·国殇》："操吴戈兮被犀甲，车错毂兮短兵接。"

（续表）

序号	名称	造型及部位	用途注解	文献载录举例
57	辐	连接车辋和车毂的直条	插入轮毂以支撑轮圈	辐是一根一根的木条，一端接辋，一端接毂。四周的辐条都向车毂集中，叫作“辐辏”，后来辐辏引申为从各方聚集的意思。《汉书·叔孙通传》：“四方辐辏。”中国古车轮辐与盖䡝的数字约略接近
58	茵	铺在舆底板上面的席垫	车垫子	《诗·秦风·小戎》：“文茵畅毂。”郑玄注曰：“茵，车席也。”
59	轵	组成车厢四周围栏的横向木条	与立柱一起构成干栏式车围	《说文解字注》：“轵，輢之植者衡者也，与毂末同名，毂末，即谓车轮小穿也。”
60	轛	车軨干栏式围栏的立柱，或车轼横直交结的栏木	与轵一起构成干栏式车围	《周礼·考工记·舆人》：“参分轵围，去一以为轛围。”郑玄注：“轛者，以其乡（向）人为名。”孙诒让正义：“式（轼）间衡（横）植（直）材总名为轛也。”
61	軨	车厢前面和左右两面的木栏	为乘坐安全并有所凭倚	《说文解字注》段玉裁引戴震：“軨者，轼、较下纵横木总名。”《楚辞·九辩》：“倚结軨兮长太息，涕潺湲兮下沾轼。”
62	轴饰	位于伏兔的外侧	用于掩饰轸、毂之间部分裸露的车轴	轴饰出现在西周，最初是一段带长方形掩板的套管，套在轴上，用楔予以固定
63	飞軨	系于车两轴头	装饰用。明贵贱，求吉音，利开道	〔汉〕张衡《东京赋》：“重轮贰辖，疏毂飞軨。”

（续表）

序号	名称	造型及部位	用途注解	文献载录举例
64	輨	套在毂两外端的铜帽	为求坚固	亦称"软"。《说文解字》："輨，毂端锊也。"
65	辖	露在毂外的轴的两端上面所插的销子	固定车轮，不使其外脱	《说文解字》云："辖，键也。"段注曰："键下曰铉也，一曰车辖。"
66	軎	軎装在轴通过毂以后露出的末端	用于括约和保护轴头	軎上有孔，用以纳辖。亦作"轊"
67	铜镞	车牙上面的薄铜片	加固的作用	
68	骖马	驾在车前两侧的马	古时乘车，尊者在左，御者在中，又一人在右，称车右或骖乘	驾三马的称"骖"。《楚辞·九歌·国殇》："凌余阵兮躐余行，左骖殪兮右刃伤。"
69	服马	西周以后多一车驾四马，名"驷"，居中的两匹叫"服"	服马以轭承力，以曳车	《诗·郑风·大叔于田》："两服上襄，两骖雁行。"

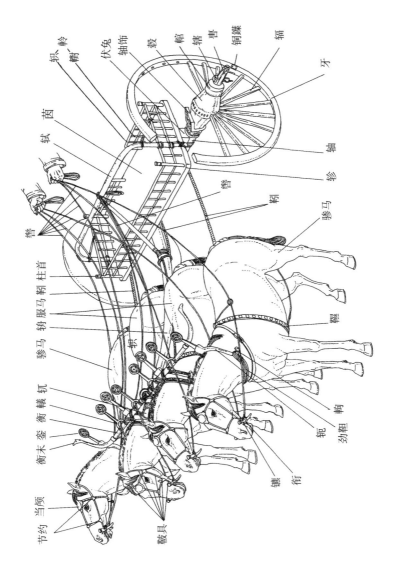

5-1 独辀车车马具名称说明图。（采自《中国古代车舆具马具》，略有调整）

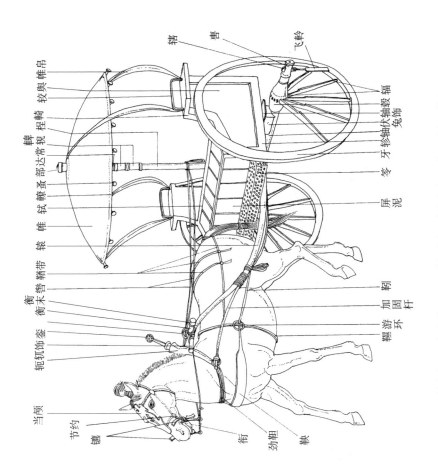

5-2 双辕车车马具名称说明图。(采自《中国古代车舆马具》，略有调整)

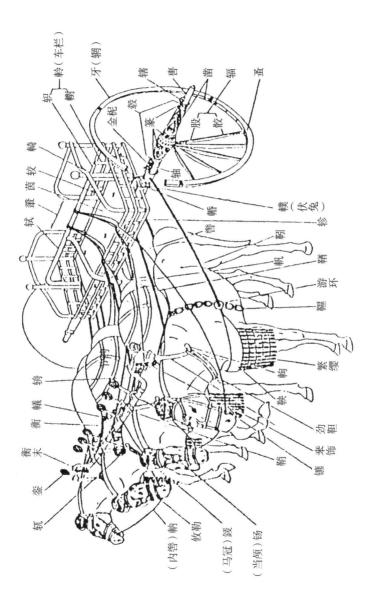

5—3 周代驷马车综合复原图。(采自孙机《从胸式系驾法到鞍套式系驾法——我国古代车制略说》)

华机子〔1〕

叙　事

《淮南子》〔2〕云，伯余之初作衣也〔3〕，丝麻索缕，手经指挂，后世为机杼〔4〕，胜复〔5〕以便，此伯余之始也。

江文通〔6〕《古别离》云，纨扇〔7〕如明月，出自机中素〔8〕。

唐房玄龄〔9〕授秦王府记室〔10〕，居十年，军符府檄，或驻郎办，文约理尽，初不著藁〔11〕。高祖曰，若人机织，是宜委任，每为吾儿陈事，千里犹对语。

《拾遗记》〔12〕，吴王赵夫人〔13〕巧妙无比，人谓吴宫三绝，机绝，针绝，丝绝。

其机非伯余作，止是手经指挂而已，后人因而广之，以成机杼。《传》〔14〕云，麻冕，礼也；今也纯，俭。吾从众〔15〕。纯布亦自古有，故知机杼亦起于上古。今人工巧，其机不等，自各有法式，今略叙机之总名耳。

注释

〔1〕华机子：提花机之一，因机身呈水平状，故又称水平式织机，或水平式线制小花本机、水平式小花楼机，多用于织制绫罗纱绮等较为轻薄的织物。此类织机在汉晋时有文字记载，唐代更为常见，但是图像资料出现较晚，南宋初年于潜令楼璹绘制的《耕织图》中的提花绫罗机是迄今发现最早的线制小花本提花机图像。另外，明末宋应星《天工开物·乃服》对这类织机也有较为详尽的记载。可是目前所有能见到的古代同类织机图像，都不如《梓人遗制》中

的华机子描绘得具体，讲述得详细。宋元时，在山西潞安州地区（今山西长治一带），华机子是一种普遍的机型。当时，织机制造是带动纺织业发展的原因之一，兴盛的纺织业使潞安地区赢得了"南松江，北潞安，衣天下""潞遍宇内"之美誉。

〔2〕《淮南子》：亦称《淮南鸿烈》，西汉淮南王刘安及其门客苏飞、李尚、伍被等著。《淮南子》共21篇，每篇都是精妙的专论，它上承诸子百家之说，集众家学派理论而归于道学，兼及哲学、政治、历史、地理、自然科学、军事、教育等学科于一身，体系宏大而系统，被唐刘知幾《史通》称为"牢笼天地，博极古今"。

〔3〕伯余之初作衣也：语出《淮南子·氾论训》："伯余之初作衣也，緂麻索缕，手经指挂，其成犹网罗。"传说黄帝时已经用麻做衣料。伯余，传说中黄帝的大臣。索，将麻析成缕连接起来。手经指挂，徒手排齐经线，以指挑经穿纬。网罗，指网罟、兜之类的编织物。

〔4〕机杼：织布机。杼，织布引纬工具。《说文解字》："杼，机之持纬者。"秦至西汉，杼兼具引纬和打纬两个职能，故又称刀杼。东汉时，杼发展为两头尖的梭子。晋代以后多用梭。

〔5〕胜复：转而。原意是指"五运六气"在一年之中的相胜相制、先胜后复的相互关系。

〔6〕江文通：即江淹（444—505），济阳考城（今河南兰考）人。父亲做过县令。淹少孤而家贫，爱好文学，有才名。自南朝宋入仕，辗转于诸王幕府，很不得志。至萧道成（齐高帝）执政建立齐朝后，他受到赏识，逐渐显达。后又依附萧衍，在梁朝官至金紫光禄大夫，封醴陵侯。史传称其晚年才思减退，当因富贵尊荣之后，缺乏创作激情所致。现存江淹诗文，基本上也都是在宋、齐时所作。

〔7〕纨扇：丝面扇子。《说文解字》："纨，素也。"《释名》："纨，涣也，细泽有光，焕焕然也"，谓精细有光泽的单色丝织品。

〔8〕素：未经染色的本白色丝帛。

〔9〕房玄龄：唐代初年名相。名乔，字玄龄（579—648）。齐州临淄（今山东淄博东北）人。自幼勤奋好学，博览经史，工书善文，隋时曾任隰城尉。李世民率众入关，他于渭北谒见。任秦王府记室，成为世民亲信。统一战争中又劝李世民谋划军事，搜罗文臣武僚，参与"玄武门之变"，助世民夺取帝位。太宗即位后，为中书令，后任尚书左仆射。制定律令，选拔人才，贞观时的重大方针政策，他都是重要谋划者和执行者。后封梁国公。曾监修和主持重修国史。

〔10〕记室：是诸王、三公及大将军等府中私聘的官，未经诠叙，有职无品，但地位极为重要，算是主人的私人代表，也等于府中的总管。

〔11〕文约理尽，初不著藁：谓玄龄文才出众。房玄龄随李世民征战时，凡王府书檄，驻马即成，言简意尽，不需起草。

〔12〕《拾遗记》：志怪小说集。又名《拾遗录》《王子年拾遗记》。作者东晋王嘉，字子年，陇西安阳（今甘肃秦安）人。《晋书》第95卷有传。今传本大约经过南朝梁宗室萧绮的整理。《拾遗记》共十卷。前九卷记自上古庖牺氏、神农氏至东晋各代的历史异闻，其中关于古史的部分很多是荒唐怪诞的神话，汉魏以下也有许多道听途说的传闻，为正史所不载。末一卷则记昆仑等八个仙山。《拾遗记》的主要内容是杂录和志怪。书中尤着重宣传神仙方术，多荒诞不经。但其中某些幻想，如"贯月槎""沦波舟"等，表现出丰富的想象力。文字绮丽，所叙之事类皆情节曲折，辞采可观。后人多引为故实。现存最早的刻本是明嘉靖十三年（1534）世德堂翻宋本。另有《稗海》本，文字与世德堂本出入较大。今人齐治平有《拾遗记校注》。

〔13〕吴王赵夫人：张彦远《历代名画记》卷四："吴王赵夫人，丞相赵达之妹。善书画，巧妙无双，能于指间以彩丝织为龙凤之锦，宫中号为'机绝'。孙权尝叹，蜀魏未平，思得善画者图山川地形，夫人乃进所写江湖九州山岳之势。夫人又于方帛之上，绣作五岳列国地形，时人号为'针绝'。又以胶续丝发作轻幔，号为'丝绝'。"

〔14〕《传》：阐述经义的文字，此处系指《论语》。

〔15〕麻冕，礼也；今也纯，俭。吾从众：语出《论语·子罕》。麻冕，缁布冠也。当时行成人礼要戴"麻冕"，做这种帽子费时费工，以三十升布为之，升八十缕，则其经二千四百缕矣。细密难成，不如用丝之省约，后遂改用丝布帽子来代替。纯，丝也。俭，谓省约。另，《诗经》中有"麻衣如雪"的生动记载，形容薄如蝉翼，珍贵异常，规定用来做天子和王侯的麻冕。

用　材

造机子之制，长八尺至八尺六寸[1]，上至龙脊杆子[2]，下至机身[3]，共高八尺至八尺六寸，横广榥外[4]三尺六寸[5]。机身径广三寸[6]，厚二寸六分[7]，先从机身头上向里量八寸[8]，画[9]前楼子眼[10]，前楼子眼合心[11]至中间楼子眼合心二尺二寸[12]，中间楼子眼合心至兔耳[13]眼合心四尺二寸[14]，兔耳眼合心至后靠背楼子[15]眼合心一尺二寸[16]，兔耳眼长四寸[17]。

机楼扇子立颊[18]长五尺二寸[19]，广随机身之厚，径厚一寸六分[20]。从下除机身内卯向上量一尺六寸[21]，画下樘榥[22]眼，下榥眼上量七寸[23]，心榥[24]眼。心榥上七寸，是上榥眼[25]。上榥上一尺二寸是遏脑[26]，遏脑木长四尺四寸[27]，广四寸[28]，厚随楼子立颊之厚。上顺绞井口[29]，广厚同遏脑。

冲天立柱[30]长三尺四寸[31]，厚随遏脑之厚，广二寸[32]，下卯栓透遏脑心下两榥。遏脑向上随立柱量四寸，安文轴子[33]，轴子圆径一寸至一寸二分[34]，长随楼子之广。龙脊杆子长随机身之长，厚随冲天立柱之方广[35]。楼子合心，向脊杆子上分心各离三寸[36]，安牵拔[37]二个。

机子心扇[38]心榥合心，每壁各量一尺二寸[39]安引手[40]。遏脑上绞口[41]向里两下各量七寸[42]，是前顺樘榥[43]，后顺枨[44]。栓透前后楼子遏脑，从心扇遏脑上，向后顺枨上量四寸[45]，安立人子[46]一个，立人向后又量二尺[47]，更安一个，各长五寸[48]。上是鸟坐木[49]，内穿特木儿[50]。

卷轴长随两机身横之外，径三寸四分[51]，兔耳随机身之厚（后）径，广四寸[52]，上讹角。

卧牛子[53]长三尺六寸[54]，随机身横之广径，广六寸[55]，厚五寸〔56〕。是立人子，至卧牛底面橛上，通高三尺〔57〕，径广三寸，厚二寸六分〔58〕。立人子头上向下量五寸开口子〔59〕。口子合心横锁塞眼〔60〕，上安利杆〔61〕。立人子开口与筬框〔62〕鹅口〔63〕广同。卧牛上随立人子向上量三寸，安橕棍一条，广二寸〔64〕。

筬框，长三尺六寸，广二寸四分〔65〕，厚一寸二分〔66〕，内安斗子。其斗子内二尺八寸〔67〕明辽〔68〕，高五分〔69〕，筬口上下离八分至一寸〔70〕。斗子上是鹅材〔71〕，长三寸六分〔72〕，方广二寸，开口深二寸四分，横钻塞眼子。

特木儿长三尺四寸〔73〕，版广二寸四分，厚八分。从头上眼子至心翅眼子量九寸五分〔74〕，是心内眼子〔75〕。心内眼子至后尾眼子〔76〕二尺一寸〔77〕，楼子合心〔78〕。弓棚架〔79〕，子版长一尺二寸，广三寸，厚一寸〔80〕。弓材长六尺二寸〔81〕，广一寸，厚六分〔82〕。

搊桩子材〔83〕长二尺五寸〔84〕，小头广一寸，厚六分〔85〕，大头广一寸二分至一寸四分〔86〕，厚八分至一寸。从小头上向下量三寸四分，画梁子眼〔87〕，梁子眼下一尺二寸明，外是下梁子眼，横梁子长二尺六寸四分〔88〕，广一寸，厚四分，桩子内二尺四寸明〔89〕。

蘸桩子〔90〕长一尺八寸〔91〕，小头广八分，厚六分，大头广一寸二分，厚八分。小头向下量三寸二分〔92〕画梁子眼，向下一尺二寸外下梁子眼，广与搊同〔93〕。拔梁长随两引手之广，长二尺八寸，径方广一寸，计六条钻眼子与引手同。

白踏桩子〔94〕长二尺六寸〔95〕，上广二寸，厚六分，下广二寸二分，厚八分。从头上向下量三寸二分〔96〕，心内钻圆眼子。再从头上向下量四寸二分〔97〕，边上凿梁子眼一个〔98〕。上眼子下楞齐〔99〕，向下更画梁子眼一个。下眼下量九寸四分〔100〕外，下是双梁子眼〔101〕。从下倒向上量二寸八分〔102〕合心，又钻圆眼子一个。

梁子长二尺八寸，广一寸一分〔103〕，厚四分〔104〕。

媵子轴〔105〕长三尺八寸〔106〕，方广二寸，两耳〔107〕内二尺四寸明，耳版厚一寸四分至一寸六分，方广一尺至一尺二寸。

凡机子制度内，或织纱，则用白踏，或素物，只用扯子，如是织华子什物全用，其机子不等，随此加减。

注释

〔1〕八尺至八尺六寸：约合251.2厘米至270.04厘米。

〔2〕龙脊杆子：龙，指提花龙头，提花织机上用于控制经线起落的部件，在古代也叫花楼。脊，人或动物背上中间的骨头，此谓架在提花织机上面最高的一根横木，盖冲天柱。

〔3〕机身：并非指织机或机架，而是指支撑整个华机子的底端的两根横木。

〔4〕檐外：檐，原指屋檐，此处作伸出边缘外端解。

〔5〕三尺六寸：约合113.04厘米。

〔6〕三寸：约合9.42厘米。

〔7〕二寸六分：约合8.16厘米。

〔8〕八寸：约合25.12厘米。

〔9〕画：标记号。

〔10〕楼子眼：安插在机身上面用于架构织机的竖木条，共六根，分别为两根前楼子、两根中间楼子、两根后靠背楼子。眼，即卯眼。

〔11〕合心：合，同"核"。合心，谓中心位置。

〔12〕二尺二寸：约合69.08厘米。

〔13〕兔耳：指卷布轴的左、右托脚，即安装卷轴的架子。

〔14〕四尺二寸：约合131.88厘米。

〔15〕后靠背楼子：机头上方木架子。明宋应星《天工开物》中称作"门楼"。

〔16〕一尺二寸：约合37.68厘米。

〔17〕四寸：约合12.56厘米。

〔18〕机楼扇子立頬：頬，两侧。机楼扇子立頬，位于卷轴和滕子之间的机架，即提花楼柱。

〔19〕五尺二寸：约合163.28厘米。

〔20〕一寸六分：约合5.02厘米。

〔21〕一尺六寸：约合50.24厘米。

〔22〕橖棍：朱启钤校刊本按："橖棍原本作橖棍，依字义及《营造法式》

似应作樘，以下樑皆改樘。"樘，柱子。槐，栏架。樘槐，织机上面与楼子垂直卯接的横档，即楼柱横档，有上槐、心槐、下樘槐之分。

〔23〕七寸：约合21.98厘米。

〔24〕心槐：置于中间位置的槐。

〔25〕槐眼：《永乐大典》本原注："槐眼长一寸六分。"

〔26〕遏脑：织机上与绞井口垂直卯接的横档，即机架顶部横档，盖楼柱顶。原注："内槐长随广径，广随立颊之厚，厚一寸六分。"一寸六分，约合5.02厘米。

〔27〕四尺四寸：约合138.16厘米。

〔28〕四寸：约合12.56厘米。

〔29〕井口：《永乐大典》本原注："又谓之井口木。"织机上与遏脑、楼子相交的横档，以供拉花者坐之用。明宋应星《天工开物》称"花楼架木"，清汪日桢《湖蚕述》称"接板"。

〔30〕冲天立柱：织机上面卯接三槐，支撑龙脊杆子的直木。织机上面的冲天立柱，是用于装花本用的支柱。

〔31〕三尺四寸：约合106.76厘米。三尺四寸的冲天立柱，应包括下面超出横槐的部分。原注："下卯在外。"

〔32〕二寸：约合6.28厘米。

〔33〕文轴子：架接在两冲天立柱之间的圆木，用于提花本的滚柱，又名"机"。

〔34〕一寸至一寸二分：约合3.14厘米至3.77厘米。

〔35〕方广：厚度和宽度。

〔36〕三寸：约合9.42厘米。

〔37〕牵拔：提花综线，与花本线相连。

〔38〕心扇：中间扇子立颊的简称。

〔39〕一尺二寸：约合37.68厘米。

〔40〕引手：《永乐大典》本原注："引手各长一尺五寸，共是六个眼子。"此句中"共"原作"士"，依文义改。

〔41〕绞口：疑指绞井口木眼，但前后大凡有榫卯接合处均用"眼"而不用"绞"，用"绞"或与开口大小有关。

〔42〕七寸：约合21.98厘米。

〔43〕前顺樘槐：安置弓棚架之用，与后顺桄平行的横档。《永乐大典》本作"前后顺樘槐"，依附图及文义改。

〔44〕后顺桄：机架中间横档之一，安放立人子的木杆。桄，原意作门两

旁所竖长木柱解。《永乐大典》本作"顺帐"，依附图及文义改。

〔45〕四寸：约合12.56厘米。

〔46〕立人子：朱启钤校刊本作"立叉子"解，狄特·库恩则认为立人子、立叉子均可，但立叉子更形象些。称呼原本无关重要，只是历史上立叉子之名的使用无以印证，而后世织机部件中则常见有"立人"之名，造型功能与立人子相仿，见清卫杰《蚕桑萃编》、清陈作霖《凤麓小志》、南京云锦机具名，故此处仍取立人子。立人子指用于撑高鸟坐木的支架杆子，主要作用是架起特木儿。

〔47〕二尺：约合62.8厘米。

〔48〕五寸：约合15.7厘米。

〔49〕鸟坐木：安放特木儿（鸦翅木）的基座，用来稳固地架起特木儿进行上下开口或升降运动的机件。

〔50〕特木儿：用于控制升降综框运动的机件，即吊综杆，提起综之杠杆，又称鸦儿木。明宋应星《天工开物》中称作"老鸦翅"，清汪日桢《湖蚕述》称"丫儿"。

〔51〕三寸四分：约合10.68厘米。

〔52〕四寸：约合12.56厘米。

〔53〕卧牛子：立人子的基座。此非指支撑鸟坐木的立人子，而是指支撑立杆的立人子的基座，长方形木块。

〔54〕三尺六寸：约合113.04厘米。

〔55〕六寸：约合18.84厘米。

〔56〕五寸：约合15.7厘米。

〔57〕三尺：约合94.2厘米。

〔58〕二寸六分：约合8.16厘米。

〔59〕开口子：二分中取一分立口。

〔60〕塞眼：《永乐大典》本作"寨眼"，依字义似应作"塞"，以下"寨"皆改"塞"。

〔61〕利杆：连接立人与筬框的柄杆或撞杆，《永乐大典》本原注："利杆长八尺。"

〔62〕筬框：即筘。筘是控制织物经密和推送纬丝的织造机件，也起稳定织物幅宽的作用。框，用杂硬木制成。

〔63〕鹅口：筬框上连接利杆的机件。

〔64〕二寸：约合6.28厘米。

〔65〕二寸四分：约合7.54厘米。

〔66〕一寸二分：约合3.77厘米。

〔67〕二尺八寸：约合87.92厘米。

〔68〕明辽：清楚明确。辽，疑为"了"字通假。

〔69〕五分：约合1.57厘米。

〔70〕八分至一寸：约合2.51厘米至3.14厘米。

〔71〕鹅材：连接上下筘框的构件。

〔72〕三寸六分：约合11.3厘米。

〔73〕三尺四寸：约合106.76厘米。

〔74〕九寸五分：约合29.83厘米。

〔75〕心内眼子：《永乐大典》本原注："圆七分。"

〔76〕后尾眼子：位于特木儿尾部用于吊综用的卯眼或环扣。

〔77〕二尺一寸：约合65.94厘米。

〔78〕楼子合心：《永乐大典》本原注："上钉环儿。"

〔79〕弓棚架：弓棚，伏综回复装置，明宋应星《天工开物》中称"涩木"，清汪日桢《湖蚕述》称"塞木"。弓棚架，固定弓棚的木架。

〔80〕厚一寸：厚约合3.14厘米。原注："用栓三条，内安弓钉，钉上为用。"

〔81〕六尺二寸：约合194.68厘米。

〔82〕六分：约合1.88厘米。

〔83〕桩子材：桩子，即织造时起上开口作用的地综，也叫起综。原注："用杂硬木植造。"清汪日桢《湖蚕述》称"滚头"。

〔84〕二尺五寸：约合78.5厘米。

〔85〕六分：约合1.88厘米。

〔86〕一寸四分：约合4.4厘米。

〔87〕画梁子眼：原注："长一寸有余。"

〔88〕二尺六寸四分：约合82.9厘米。

〔89〕二尺四寸明：原注："计六扇一十二条。"

〔90〕蘸桩子：织造时下开口地综，也叫伏综。清汪日桢《湖蚕述》称"滚头"。

〔91〕一尺八寸：约合56.52厘米。

〔92〕三寸二分：约合10.05厘米。

〔93〕广与挶同：原注："梁子各长二尺八寸，内二尺四寸。"

〔94〕白踏桩子：织机构件，属专门的绞综开口机构。安装白踏桩子的织机，可以生产纱罗织物。白踏，《天工开物》称之为"打综"。

〔95〕二尺六寸：约合81.64厘米。

〔96〕三寸二分：约合10.05厘米。

〔97〕四寸二分：约合13.19厘米。

〔98〕边上凿梁子眼一个：原注："梁子眼各长一寸一分。"

〔99〕楞齐：楞，同棱，边缘，角。即与边角对齐。

〔100〕九寸四分：约合29.52厘米。

〔101〕双梁子眼：平行的两个眼。

〔102〕二寸八分：约合8.79厘米。

〔103〕一寸一分：约合3.45厘米。

〔104〕四分：约合1.26厘米。

〔105〕滕子轴：古代称经轴或绕经辊为滕。滕是古代织机上面送放经纱的工具，由轴和耳组成，耳或为八楞。两端作榫，架于掌滕木的口子上。滕，有时也称作柚，今作轴。

〔106〕三尺八寸：约合119.32厘米。

〔107〕两耳：滕子两侧起匡定幅宽作用的隔板。

功　限

机身、机楼子共各七功。

卧牛子一个一功。

筬框一副全一功五分。

特木儿六个八分功。

棚斧弓一功二分。

搊、蘸各一副一十二扇，全造三功二分。

拔梁六条四分功。

滕子一个一功二分。

利竿二条三分五厘功。

解割在外[1]。

注释

　　[1]解割在外：解割，木工加工木料的专用名词，即分解切割。古代木工中有一种专门用锯按一定规格解木的工匠，叫"锯佣"，锯佣至迟在北宋时就已经出现。解割在外，即另外计算切割木料的工时或工作量。

华机子

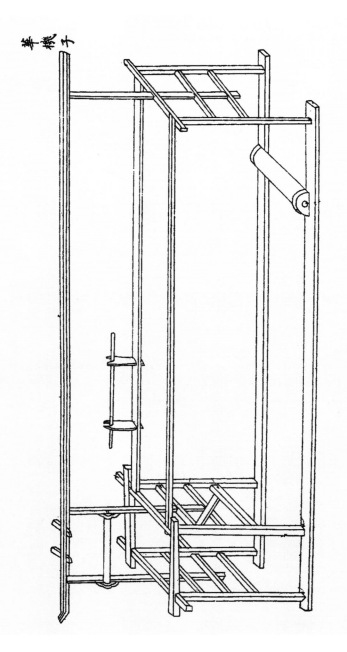

6-1 《梓人遗制》之华机子原图。

华机子

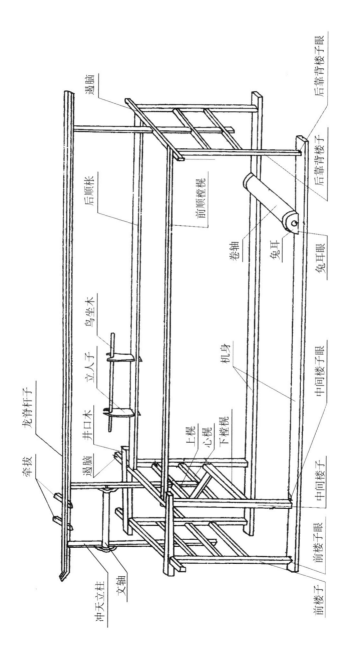

6-2 《梓人遗制》之华机子图样。

一一九

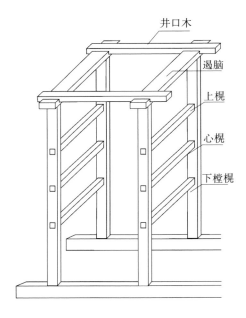

井口木

遏脑

上楗

心楗

下橙楗

6-3 《梓人遗制》之华机子楼子勘误图。原图在遏脑与井口木榫接部位绘制有误，故以此图局部校正。

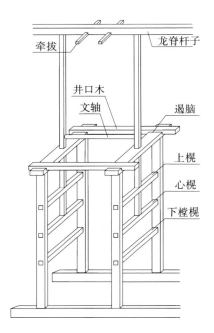

龙脊杆子

牵拔

井口木

文轴

遏脑

上楗

心楗

下橙楗

6-4 《梓人遗制》之华机子楼子勘误图。原图在冲天立柱与遏脑榫接部位绘制有误，文轴位置也不对，故以此图局部校正。

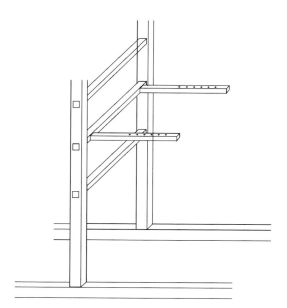

6-5 《梓人遗制》之华
机子图中漏画的引手。

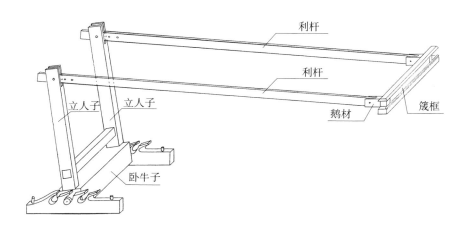

6-6 《梓人遗制》之华机子的利杆
结构图。图采自狄特·库恩《元代〈梓
人遗制〉中的织机》。

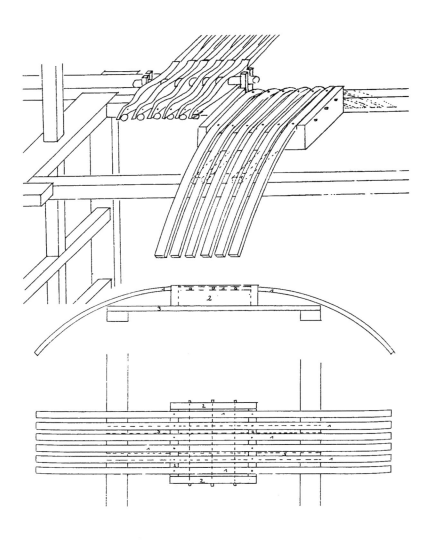

6-7 《梓人遗制》之华机子的弓棚架平面图和立体图。

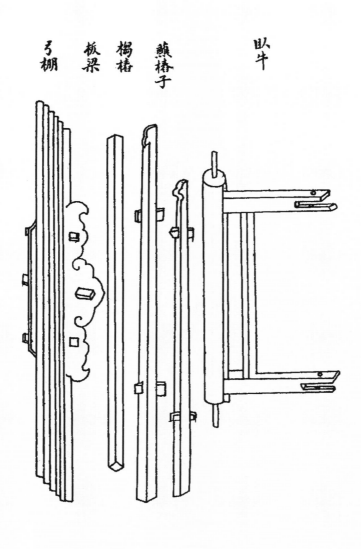

弓棚　板梁　榻椿　颠椿子　卧牛

6-8 《梓人遗制》之华机子分件原图。

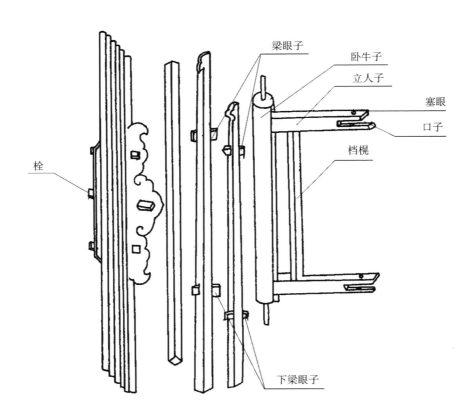

梁眼子

卧牛子

立人子

塞眼

口子

档楗

栓

下梁眼子

6-9 《梓人遗制》之华机子分件图释。

华机子

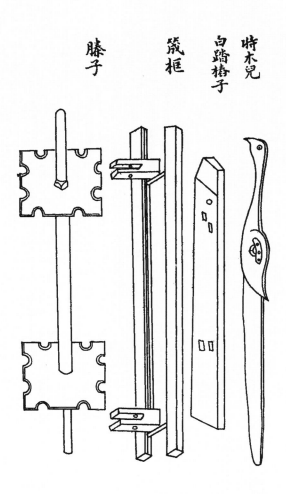

滕子　　　筬框　　　白踏椿子　　持木兒

6-10 《梓人遗制》之华机子分件原图。

一二五

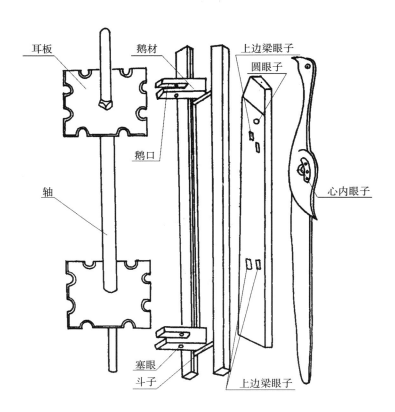

耳板

鹅材

上边梁眼子

圆眼子

鹅口

轴

心内眼子

塞眼

斗子

上边梁眼子

6-11 《梓人遗制》之华机子分件图释。

华机子

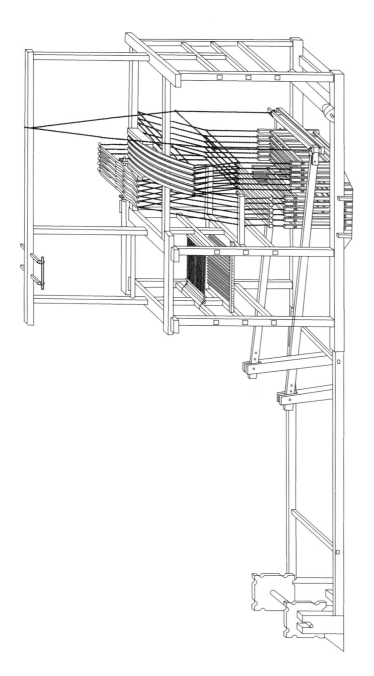

6-12 根据狄特·库恩《元代〈梓人遗制〉中的织机》中的复原图，经重新勾描完成的华机子立体图。

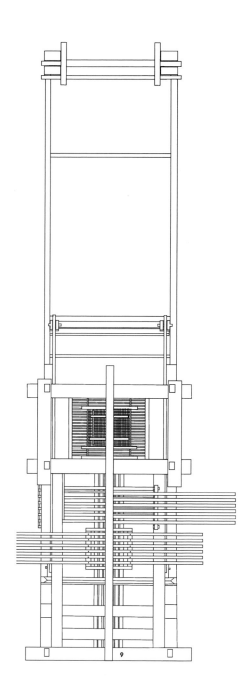

9

6-13 根据狄特·库恩《元代〈梓人遗制〉中的织机》中的复原图，经重新勾描完成的华机子平面图。

泛床子^[1]

用　材

造泛床子之制，上至立人子头^[2]，下至泛床子地，共高二尺一寸三分^[3]，两边长与高同。

边^[4]，长二尺一寸三分，广一寸六分，厚八分。先从边头上量一寸，边上留三分，向里画第一个梁子眼^[5]。第一个梁子眼外空二寸二分，画第二个梁子眼^[6]。第二个梁子眼外空三寸，画第三个梁子眼^[7]。此眼外楞上侧面，凿立人子眼^[8]。第三个梁子眼外空三寸三分^[9]，画第四个梁子眼^[10]。第四个梁子眼外空一寸四分，画第五个梁子眼^[11]。前后梁子眼长则不同，各广三分。

脚子樘上高九寸二分^[12]，广一寸三分^[13]，厚同边脚，除上卯向下量三寸，画顺樘桄眼。立人子边向上高一尺二寸，广与边同，厚八分，上开口子深五分，下卯栓透樘桄。顺樘桄随脚顺之长，广随脚之厚，厚一寸三分。

梁子长二尺六寸，广一寸，厚三分五厘^[14]。

凡泛床子，是华机子内白踏毲蘸扯子打缯线^[15]上使用，随此准用。

注释

〔1〕泛床子：整经机架。整经是织造准备的主要工序之一。在古代，丝织称作丝，整经所用的机架又称经架、经具、纼床。古代整经经具分两种，一种

是经耙式，另一种是轴架式。《梓人遗制》中所列泛床子也含此两种，其中经耙整经法所用工具之一为竖式掌扇，掌扇也叫分绞经牌，从掌扇上分出的上下两层经丝，分别起出"交头"，这样就可以按规律地空综就织。

〔2〕立人子头：立人子，泛床子机身中间竖杆，上有叉口，用于支撑横放的经杆。立人子头，即立人子的顶端。

〔3〕二尺一寸三分：约合66.88厘米。

〔4〕边：《永乐大典》本原注："俗谓之框。"边，搭构泛床子的主要架梁，其幅长即为泛床子宽度。

〔5〕第一个梁子眼：《永乐大典》本原注："梁子眼长二寸三分。"

〔6〕第二个梁子眼：《永乐大典》本原注："眼长一寸八分。"

〔7〕第三个梁子眼：《永乐大典》本原注："眼子长一寸。"

〔8〕立人子眼：《永乐大典》本原注："长八分，广五分。"

〔9〕三寸三分：约合10.36厘米。

〔10〕第四个梁子眼：《永乐大典》本原注："眼长一寸八分。"

〔11〕第五个梁子眼：《永乐大典》本原注："眼长二寸三分。"

〔12〕九寸二分：约合28.89厘米。

〔13〕一寸三分：约合4.08厘米。

〔14〕梁子长二尺六寸，广一寸，厚三分五厘：《永乐大典》本原注："用三条杂硬木植。"

〔15〕打缯线：将丝线缠在经耙上，用作经线。缯，丝织品的总称。

功　限

一个全造完备一功五分。

如有牙口二功。

掉簇座[1]

用　材

造掉簇之制，长三尺，广二尺一寸，上下高六寸，两楎已里一尺三寸[2]明，心内安立人子。

边长三尺，广二寸，厚一寸五分[3]。

横两当长二尺一寸，广一寸五分，厚一寸二分。

脚楎上高六寸，广厚与边同。立耳子下除卯向上高七寸[4]，广厚同边。

簇轴长随两耳之内径，方广二寸四分，从轴心每壁各量七寸，外安辐四枝。或六枝减短。

辐枝[5]长一尺六寸，广一寸二分，厚一寸。

簇枝[6]长一尺七寸[7]，广一寸二分，厚一寸。

凡掉簇是打纻丝线经上使用，随此制度加减。

注释

　　〔1〕掉簇：古称缫丝、复摇过程中卷绕生丝用的框架为掉簇。座，用于搁放掉簇的机架。

　　〔2〕一尺三寸：约合40.82厘米。

　　〔3〕一寸五分：约合4.71厘米。

　　〔4〕立耳子下除卯向上高七寸：原注："上开口子深一寸。"

　　〔5〕辐枝：掉簇的内支杆。

　　〔6〕簇枝：掉簇的外条杆。

　　〔7〕一尺七寸：约合53.38厘米。

功 限

掉簧一个全造完备一功一分。

如是上有线子牙口造者三功五分。

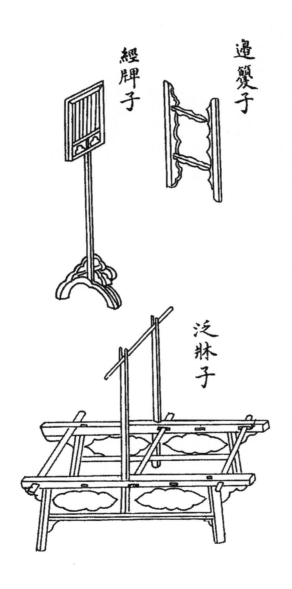

邊籢子

經牌子

泛牀子

7-1 《梓人遗制》之泛床子原图。

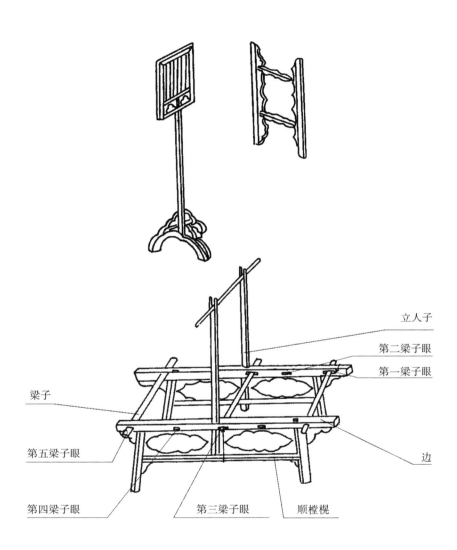

立人子

第二梁子眼

第一梁子眼

梁子

第五梁子眼

边

第四梁子眼

第三梁子眼

顺樘桄

7-2 《梓人遗制》之泛床子图释。

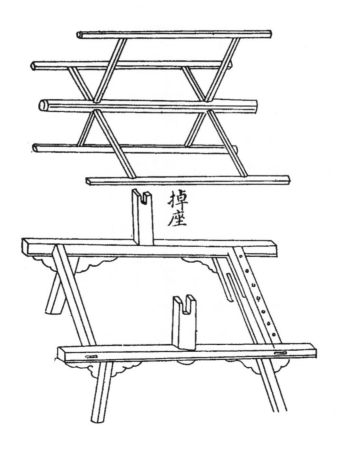

掉簧

掉座

7-3 《梓人遗制》之掉簧原图。

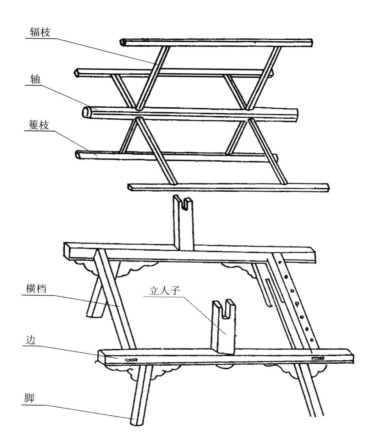

辐枝

轴

篗枝

横档

立人子

边

脚

7-4 《梓人遗制》之掉篗图释。

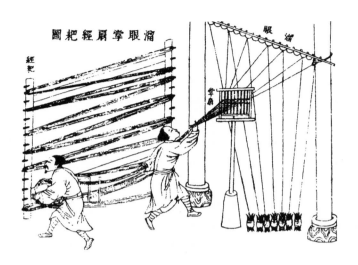

7-5 《梓人遗制》中的经牌子，也称掌扇，在《天工开物》中有详细记
载，此为《天工开物》中的经具图。

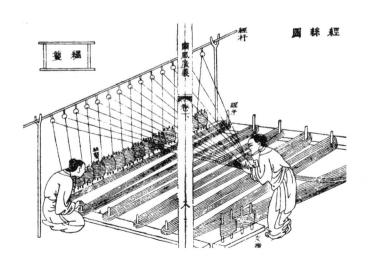

7-6 杨屾《豳风广义》经丝图。与《梓人遗制》中经耙整经法不同，
这种整经法是将经耙横放在架子上。

立机子[1]

用　材

造机子之制，机身长五尺五寸至八寸[2]，径广二寸四分，厚二寸，横广三尺二寸。先从机身头上向下量摊卯眼[3]，上留二寸，向下画小五木眼[4]。小五木眼下空一寸六分横榥眼[5]，横榥眼下空一十六分大五木眼[6]，大五木眼下顺身前面[7]下量二寸外马头眼[8]。马头下二尺八寸[9]，机胳膝眼[10]。机胳膝上，马头下身子合心横榥眼[11]。胳膝眼下量六寸，前后顺栓眼[12]。顺栓眼下，前脚柱[13]下留七寸，后脚眼下留四寸[14]。身子后下脚栓[15]上离一寸，是脚踏五木榥眼[16]。心内上安兔耳，各离六寸。前脚长二尺四寸[17]。

马头长二尺二寸，广六寸，厚一寸至一寸二分。机身前引出[18]一尺七寸。除机身内卯向前量二寸二分，凿豁丝木眼[19]。

主豁丝木眼斜向上量八寸，凿高梁木眼[20]。高梁木眼斜向下五寸二分[21]鸦儿木眼[22]。

大五木长随两机身外楞齐[23]。两头除机身内卯向里量一寸，画前掌手子[24]眼，下是垂手子[25]眼。相栓五木后，除两下卯量向里合心[26]，却向外各量[27]三寸，外画后头引手子眼[28]。

掌手子通长九寸[29]，广一寸八分，厚一寸二分。除卯量三寸四分，横钻塞眼，顺凿口子[30]。

垂手子长一尺二寸六分，广厚前同（同前）。除卯七寸四分，钻塞眼，开口子，与掌手子同。后引手子长广厚开口子与前同[31]，除卯量七寸六分。

小五木随大五木之长，广一寸六分至一寸八分[32]，厚一寸二分。掌手眼与大五木同，长加六分。

机胳膝长一尺五寸[33]，厚一寸二分。机身向前量六寸，外画卷轴眼[34]。后卯栓透机身两脚。

卷轴长随机胳膝外之齐径方广二寸，上开水槽[35]。掌滕木[36]长一尺六寸，广二寸，厚八分，上开口子深一寸五分，下除一寸钻塞眼，随上下掌手子取其方午[37]。

高粱木豁丝木约缯木[38]三条，随两马头内之长径广一寸六分，各圆棍[39]。

鸦儿木长九寸，方广二寸三分[40]。心两两壁各量三寸四分，钻塞眼，各从心杀向两头梢[41]得一寸六分，顺开口长二十（寸）四分。

曲胳肘子[42]长二尺二寸，广一寸六分，心内厚八分。从心分停除眼子外[43]，前量七寸，后量八寸，钻塞眼前安鸦儿木上，后安垂手子上。

悬鱼儿[44]长一尺，广一寸八分，厚八分。下除圆眼子，离六寸钻塞眼，安于鸦儿木上。长脚踏[45]长二尺四寸，广二寸，厚一寸四分。从后头向前量二寸二分，口子内合心横钻塞眼，塞眼口顺长二寸四分，塞眼向前量六寸，转轴眼圆八分。

短脚踏[46]长一尺八寸，广厚长脚同，从转眼向前量五寸，寸横钻塞眼，开口子与长脚同。

兔耳长六寸，广二寸四分，厚一寸。心内一个厚二寸。下除卯向上量一寸六分，是转轴眼。

下脚长二尺二寸至二尺四寸，栓上两机身之上。

滕子轴长三尺六寸，方广二寸。或圆八楞，造滕耳径，长一尺，广三寸，厚一寸二分。滕耳内二尺二寸明。

布绢[47]筬框长二尺四寸，广一寸四分至一寸六分，厚六分。内凿池槽长二尺一寸四分[48]明，塞笓眼[49]在内。塞眼各长五分。

梭子长一尺三寸至四寸，中心广一寸五分，厚一寸二分。问口子长六寸五分至七寸[50]，心内广凿得一寸明，两头梢得五分，中心钻蚍蜉眼儿[51]。

凡机子制度内，或就身做脚[52]，或下栓短脚，或马头上安高梁豁丝木，或掌朕木下安罗床桄曲木，其豁丝木，所不以同，就此加减。

注释

〔1〕立机子：立机子是古代踏板织机中的一种，由于所织物经面垂直，故名立机。踏板织机不同于原始织机的地方在于开口机构，由于踏板织机利用脚踏提综开口取代原始的手提综片开口，使织工能腾出手来专门用于投梭打纬，从而大大提高了生产力。踏板织机有机身倾斜的踏板斜织机和机身矗立的踏板立织机两种，前者出现于春秋战国，后者即立机子形成在魏晋之间，踏板立织机是对前者的发展，也是我国古代踏板织机中机能最为巧妙的一种。立机子的形象在甘肃敦煌莫高窟的五代时期壁画《华严经变》中已经出现，唐末敦煌文书中有"立机"的棉织品名。此后，山西高平开化寺北宋壁画、南京博物院藏明代仇英的《蚕宫图》中也有立机图，但最详尽的记载则出于《梓人遗制》。薛景石提及立机子构件计二十九种，我们根据复原实验发现他漏述三种，但是依靠《梓人遗制》中详尽记载和描绘的二十九种构件，已能复原立机子，复原的立机子见证了中国古代人民的智慧以及中国古代科技文明之发达。立机子的开口运动过程及原理如下：织工首先踏下长脚踏，长脚踏带动连杆顶起右引手，于是中轴向前转动，前掌手下降，这时朕子下降张力放松。在中轴向前转的同时，中轴上的垂手子向后移，拉动与垂手子相连的曲胳肘子，曲胳肘子又带动鸦儿木一端往后，其另一端就把悬鱼儿往前拉，这样，综片就提起经线做一次开口。然后织工踏下短脚踏，与短脚踏相连的连杆被往下拉，中轴向后转动，前掌手上升，顶起掌朕木，朕子也随之上升，垂手子向前移动，推动曲胳肘子，悬鱼儿通过鸦儿木得到放松，穿过综片的一组经丝被放松，而由曲胳肘子中间压经木控制的一组经丝则位于经丝上层，形成新的开口。以上运动过程中述及的机件在下面注释中均有说明，唯提到的"连杆"在原文中缺漏。连杆，分别连接左引手与短踏脚、右引手与长踏脚，木料宜用刚性佳者，长度与短脚踏相连者为四十二寸，与长脚踏相连者为二十九寸。

〔2〕机身长五尺五寸至八寸：机身是指立机机身直立的主干木。库恩先生

认为五尺五寸至八寸是五尺五寸至六尺八寸之误，约合127.7厘米至213.52厘米，但为什么相差这么悬殊，没有说明。

〔3〕量摊卯眼：量度一定的间距，分别凿出卯眼。

〔4〕小五木眼：小五木上面的孔眼。小五木，机身最上端的一根横木，上有掌手子一对，用于限定掌滕木，也称作上前掌手，中插滕木。《永乐大典》本原注："眼子方□八分。"

〔5〕横椳眼：横椳，机身档木，主要作用是固定机架并限制部分零件，主要是垂手子的活动空间，位于两根机身之间，根数不定，约为两根至三根。此为两根，一根在小五木之下，大五木之上；另一根在马头之下，机胳膝之上。《永乐大典》本原注："眼长一寸八分。"

〔6〕大五木眼：大五木，即中轴，是整个织机的中枢。《永乐大典》本原注："眼方圆一寸。"大五木后装引手，通过连杆将中轴与脚踏板相连，牵动脚踏板。前装掌木，又称下前掌手，用于支撑滕木的下端。下装垂手，其口子与曲胳子相连，用于推拉压经木和推动综片运动。大五木比小五木大，织造是大五木为主，小五木为辅，配合起作用。

〔7〕顺身前面：顺，沿着同一方向。顺身，沿着机身同一方向，因为机身是蠹立着的，故方向沿着大五木眼继续往下。前面，因为外马头眼与大五木眼不在机身的同侧凿眼，而是在机身立柱的外侧，相对于织工，方向上是前方，故名前面。

〔8〕马头眼：马头，马首也，一对伸出机身前的木板，板上有眼，眼长二寸，钻眼以承受豁丝木、高梁木、约绘木。作用如传动摆杆，提起综丝，形成梭口。宋伯胤、黎忠义先生在《从汉画像石探索汉代织机构造》(《文物》1962年3期)中曾将马头解释为与老鸦翅、瞌睡虫功能相同，依据是王逸《机赋》中的"两骥齐首"。夏鼐先生在《我国古代蚕、桑、丝、绸的历史》(《考古》1972年2期)中修正了宋伯胤先生的观点，但夏鼐先生在文中仍没有怀疑宋伯胤先生所描述的马头的作用是错误的。

〔9〕二尺八寸：约合87.92厘米。

〔10〕机胳膝眼：胳，原写作"肐"，为"胳"的异体字。机胳膝，织机上面用于固定卷轴长度机架。《永乐大典》本原注："眼长二寸五分。"

〔11〕合心横椳眼：合心横椳，中间的横木。《永乐大典》本原注："或双用单用眼一寸八分。"

〔12〕顺栓眼：顺栓，连接五木椳即踏板横档和机身的木档。《永乐大典》本原注："眼长二寸。"

〔13〕脚柱：支撑机身的支架，中有机胳膝穿过机身和前后脚柱，前脚柱

长后脚柱短。

〔14〕后脚眼下留四寸：《永乐大典》本原注："前长后短。"后脚眼，疑为后脚柱眼。

〔15〕下脚栓：疑漏字，下脚栓，应为下脚顺栓。

〔16〕脚踏五木榥眼：脚踏五木榥是安装踏板的横档，档如平板，长度与立机子的宽度相等，两头做榫穿于顺栓当中。立机需要两片脚踏板，故而脚踏五木上要安装四个兔耳，每对兔耳间钻有轴眼，以安装长短脚踏，所以要有榥眼。《永乐大典》本原注："眼长二寸。"

〔17〕前脚长二尺四寸：《永乐大典》本原注："后脚减短二寸。"

〔18〕机身前引出：从机身面向织工位置的方向伸出。

〔19〕豁丝木眼：豁丝木，用于分经开口的机件。豁，开口。《永乐大典》本原注："方圆八分。"眼位于马头上。

〔20〕高粱木眼：高粱木，用于固定经丝位置的机件。《永乐大典》本原注："前同。"即眼方圆八分。眼位于马头上。

〔21〕五寸二分：约合16.33厘米。

〔22〕鸦儿木眼：立机子的鸦儿木与豁丝木、高粱木一样都是机上的横木棍，作用如杠杆，上端与曲脪肘子连，下端与悬鱼儿连。鸦儿木眼位于马头上。

〔23〕大五木长随两机身外楞齐：楞齐，此指大五木横向长度与机身木外侧直边齐平。《永乐大典》本原注："径方广二寸二分。"

〔24〕掌手子：装在大五木上面，用于支撑滕子的机件。

〔25〕垂手子：装在大五木下面，用以推动综片运动。

〔26〕除两下卯量向里合心：从两边机身内侧向中心量。除，去掉。合心，中心点。

〔27〕却向外各量：然后再从中心点向外量。却，表示转折。

〔28〕外画后头引手子眼：后头引手子，装在大五木后头，由脚踏板牵动以推动综片运动的机件。《永乐大典》本原注："眼子各长一寸八分。"

〔29〕九寸：约合28.26厘米。

〔30〕顺凿口子：《永乐大典》本原注："口子各长二寸四分。"

〔31〕后引手子长广厚开口子与前同：此处漏述前引手子。

〔32〕一寸八分：约合5.65厘米。

〔33〕一尺五寸：约合47.1厘米。

〔34〕外画卷轴眼：卷轴，即卷布轴，长度与机身宽相等，圆榫方体。开卷轴眼，为安装卷轴之用。《永乐大典》本原注："方圆一寸。"

〔35〕水槽：位于卷布轴上，织前用于固定布头的凹槽。《永乐大典》本原注："长二尺二寸。"

〔36〕掌滕木：滕木，即经轴，掌滕木，用于支撑滕木的木架，下由下前掌手支撑，上由上前掌手扶持。

〔37〕方午：很难解释，疑为连接前掌手与掌滕木之间的索链。"午"有一种最原始的解释，即索形辔之类。郭沫若《甲骨文字研究》关于"午"字有如下论述："疑当是索形，殆驭马之辔也。"在织造中，当织工踏下长脚踏时，连杆顶起右引手，中轴向前转动，前掌手下降，掌滕木随之下降。当另一块短脚踏工作时，滕木随前掌手上升。

〔38〕约缯木：即鸦儿木。

〔39〕各圆棍：圆木棍。棍，原作混，疑为棍误，故改棍。

〔40〕二寸三分：约合7.22厘米。

〔41〕各从心杀向两头梢：从中心向两头逐渐变细。

〔42〕曲胳肘子：前连鸦儿木上端，后连垂手，结构如同臂、手相连，故名。曲胳肘子中间应有压经木一根。

〔43〕从心分停除眼子外：《永乐大典》本原注："眼子圆八分。"

〔44〕悬鱼儿：即综框的提杆，因其形状如鱼，故名。在现代织机中，综是织机上面带动经丝做升降运动以形成梭口的机件。综穿在综框中的综杆上，穿于同一综框中的经丝运动规律相同。悬鱼儿在立机子中的作用就如同综框的提杆。

〔45〕长脚踏：位于围轴后与连杆相接的脚踏。当织工踏下长脚步踏时，连杆就顶起其连接的右引手，中轴向前转动，前掌手下降，掌滕木随之下降，经轴也因此下降而放松其张力，在经轴向前转动的同时，中轴上的垂手子向后移动，拉动与垂手子相连的曲胳肘子，曲胳肘子又拉动鸦儿木一端往后，其另一端就把悬鱼儿往前拉，这样，综片就提起经线做一次开口。

〔46〕短脚踏：位于转轴前的脚踏。当短脚踏被踏下时，与短脚踏相连的连杆就被往下拉，中轴向后转动，前掌手上升，顶起掌滕木，经轴也随之上升，垂手子向前移动，推动曲胳肘子，悬鱼儿通过鸦儿木而得到放松，穿过经片的一组经丝被放松，而由曲胳肘子中间压经木控制的一组经线则位于经丝上层，形成新的开口。

〔47〕布绢：布，棉、麻材料。绢，丝材料。

〔48〕二尺一寸四分：约合67.2厘米。

〔49〕寨笆眼：导丝孔。

〔50〕问口子长六寸五分至七寸：问口子，应为开口子，系指梭槽，约合

20.41厘米至21.98厘米。

〔51〕虮蜉眼儿：用于引出纬丝的小孔。

〔52〕就身做脚：依据机身幅宽尺寸以及使用方便，确定支脚高度。

功　限

机身、机樻各一功。

大五木、小五木二功三分。

脚踏、五木并卷轴一功二分。

马头、曲胳肘子二项八分功。

悬鱼、鸦儿木八分功。

滕子、筬框一功八分。

解割在外。

立機子

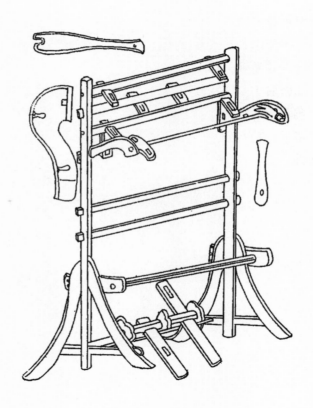

8-1 《梓人遗制》之立机子原图。

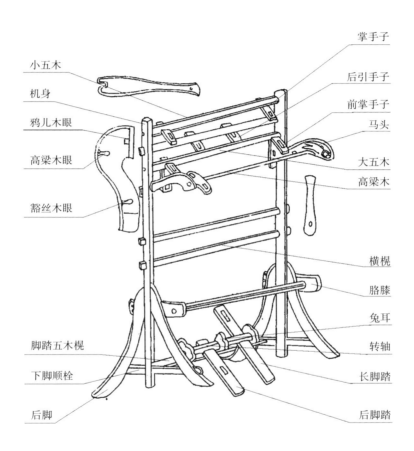

小五木

机身

鸦儿木眼

高梁木眼

豁丝木眼

脚踏五木榥

下脚顺栓

后脚

掌手子

后引手子

前掌手子

马头

大五木

高梁木

横榥

胳膝

兔耳

转轴

长脚踏

后脚踏

8-2 《梓人遗制》之立机子图释。

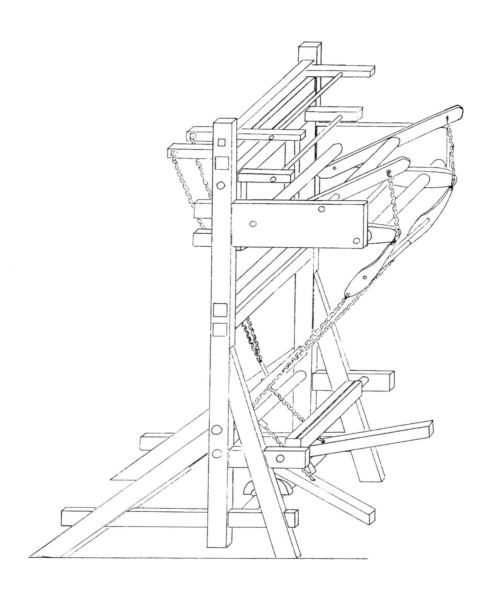

8-3 狄特·库恩根据《梓人遗制》复原的立机子图。（采自《元代〈梓人遗制〉中的织机》）

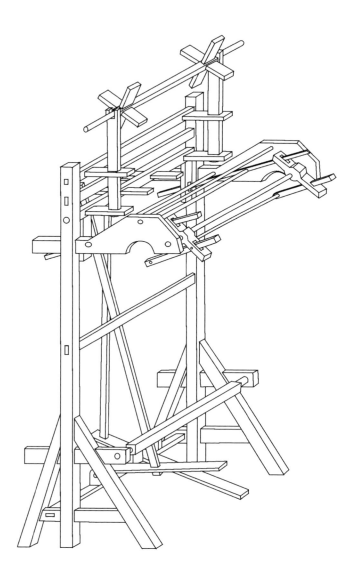

8-4　根据《梓人遗制》复原的立机子图。(采自《踏板立机研究》)

罗机子[1]

用　材

造罗机子之制，机身长七尺至八尺，横楥外广二尺四寸至二尺八寸[2]。先从机身后头向前量四寸，画后脚眼[3]。后脚眼尽前量五寸二分，画兔耳眼[4]。兔耳眼尽前量二尺二寸，画机楼子眼[5]。机楼子眼尽前量五寸，画横楥眼[6]。横楥眼尽前量八寸六分[7]立人子眼[8]。立人子眼尽前量八寸，侧面画横楥眼[9]。横楥眼尽向前量五寸，画高脚眼[10]。

机楼子立颊[11]长三尺六寸，广二寸，厚一寸六分，下除机身外向上高三尺三寸。上除遏脑[12]卯向下量七寸，是横樘楥眼。樘楥眼合心上下立串[13]眼，拴透遏脑。

遏脑广三寸，厚同两立颊。遏脑心内左壁离六寸，是引手子眼[14]。引手子上是两立人子，上是鸟坐木，上穿鸦儿[15]。引手长一尺二寸。立人子高七寸，前脚[16]高三尺八寸，广厚同。

机身上引出卯七寸[17]，卯下一尺五寸双樘楥，后脚广厚同前，高三尺。

卷轴长随机身之广径，广三寸四分，圆棍[18]上开水槽。

立人子高九寸，径广一寸五分，上是高梁木[19]，下是豁丝木[20]，长随两机身广之长。

特木儿长随机子广之（之广），心材子[21]广一寸八分，厚六分加减。

大泛扇桩子[22]长二尺四寸，小头广八分，厚六分，大头广一寸四分，厚八分。从头上向下量三寸四分画眼子，上梁子眼至下梁子眼，槾外通量一尺二寸。

小扇桩子[23]小头广六分，厚四分，大头广八分，厚六分。上下槾梁子眼外一尺二寸，横广二尺四寸明，前后同。

砍刀[24]长二尺八寸，广三寸六分至四寸，厚一寸二分。背上三池槽各长四寸，心内斜钻蚍蜉眼儿[25]。

文杆[26]随刀之长，大头圆径一寸，小头梢得八分。出尖滕子[27]，长随机身广之外轴，材方广二寸，耳[28]长一尺。

凡机子制度内，或素不用泛扇子[29]，如织华子随华子[30]，当少做[31]泛扇子。

注释

〔1〕罗机子：罗织机有特殊罗织机和普通罗织机之分：特殊罗织机是指生产链式罗必须使用的专门织机，普通罗织机是指装配有专门的绞综开口机构的小花本提花织机。这里的罗织机指的是特殊罗织机。特殊罗机子的机身与其他织机无很大区别，最有特色的是罗机子上面的专门用具即砍刀、文杆、泛扇桩子三件。古代中国人从商周开始到明清为止，特别是唐代以前一直使用这种专门的织机生产特殊的链式罗组织。由于技术和织机的局部特殊性，使得这种织机的流传范围不是很广，一般史书和相关专门史料中均无叙及细节者，直到元初《梓人遗制》中才有载录。

〔2〕横槾外广二尺四寸至二尺八寸：横槾外，水平横向外缘，广，宽。《永乐大典》本原注："材广三寸厚二寸。"

〔3〕后脚眼：机身横木上面安装后支脚的卯眼。《永乐大典》本原注："眼长三寸。"

〔4〕兔耳眼：兔耳，卷布轴的左右两侧托脚，因形如兔耳，故名。《永乐大典》本原注："眼长三寸六分。"

〔5〕机楼子眼：机楼子，提花装置所在，也称花楼。机楼子眼位于机身横木中间，安插提花楼柱的卯眼。《永乐大典》本原注："眼长一寸六分。"

〔6〕横榥眼：横榥，横档木棍。《永乐大典》本原注："眼长一寸六分。"

〔7〕八寸六分：约合27厘米。

〔8〕立人子眼：用于安装撑高鸟坐木支架杆子的卯眼。《永乐大典》本原注："眼长一寸六分。"

〔9〕侧面画横楗眼：《永乐大典》本原注："眼长一寸六分。"

〔10〕高脚眼：用于支撑罗机子前机身的支架柱子上面的卯眼，罗机子前机身比后机身高。《永乐大典》本原注："眼长三寸。"

〔11〕立頬：位于罗机子机身中间用于架起提花楼子的支柱。

〔12〕遏脑：立頬顶端的横档。

〔13〕立串：位于遏脑和横橕楗中间的竖木，起固定作用。串，穿也，物相贯相通。

〔14〕引手子眼：从遏脑上面横伸出来用于架撑立叉子安置鸦儿的横档，其上有卯眼。《永乐大典》本原注："眼长一寸八分。"

〔15〕鸦儿：即吊综杆，是控制综片的悬臂，作用如同华机子中的特木儿，《天工开物》中写作"老鸦翅"。从鸦儿木的存在看，罗机子应还有踏脚板，但文中未曾提到，另，文中也未提鸦儿木数量，从附图看，有五片鸦儿木。但从罗机子的织造原理推测，应为四片鸦儿木。

〔16〕前脚：即前面提到的高脚。

〔17〕机身上引出卯七寸：《永乐大典》本原注："卯上开口安滕子。"

〔18〕圆棍：《永乐大典》本原为圆混，疑为棍之误，故改棍。

〔19〕高梁木：用于固定经丝位置的机件，参见立机子注。

〔20〕豁丝木：用于分经开口的机件，参见立机子注。

〔21〕心材子：朱启钤校刊本按："心材子疑为特木儿之中央钻心内眼子处。"

〔22〕大泛扇桩子：在罗机子上直接用于起绞的装置，即今之绞综。

〔23〕小扇桩子：配合起绞或起地纹的装置，即今之地综。

〔24〕砍刀：古老的打纬引纬工具。引纬工具早在原始腰机织布时代，是直接用缠绕着纱线的小木棒笭，春秋战国前后，在光滑又宽扁的打纬刀上刻槽嵌入笭子，制成既可引纬又可打纬的刀杆，这就是砍刀。但是，汉代丝织技术发展到一定水平以后，几乎所有的织机都用筘或木手进行打纬，而罗机子却还一直在使用砍刀打纬，这说明罗机子织罗无法用筘打纬，这也是链式罗织制的技术特征之一。

〔25〕蚍蜉眼儿：砍刀上用于引出纬丝的小孔。在砍刀上斜钻蚍蜉眼儿，说明此砍刀很可能还保留着早期刀杆的功能特征。

〔26〕文杆：也写作纹杆。挑花杆，用于挑起简单的几何花纹。罗机子采

用挑花杆，说明链式罗的部分花纹可能采用了挑花技术起花。

〔27〕滕子：经轴。滕子与卷布轴配合，绷紧经纱，使经纱的张力均匀，方便织造。

〔28〕耳：即兔耳。经轴与卷布轴的两侧翼木或托脚，起到规定布匹幅宽的作用。

〔29〕泛扇子：即今之综框，此处或指大泛扇桩子。罗机子凡织素罗，可以不用泛扇子，地经和绞经由小扇桩子控制即可。

〔30〕如织华子随华子：如果织造提花罗，花形要由增设专门的提花机构控制。华子，花纹。

〔31〕少做：少用，使用不多。

功　限

罗机、斫刀并杂物完备一十七功，如素者一十功。

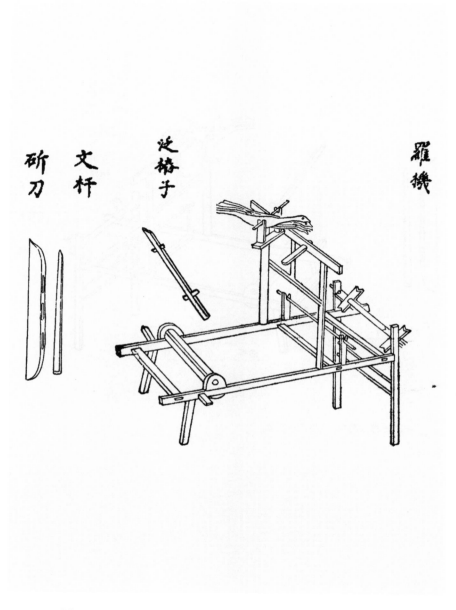

罗機

泛梭子

文杆

斫刀

9-1 《梓人遗制》之罗机子原图。

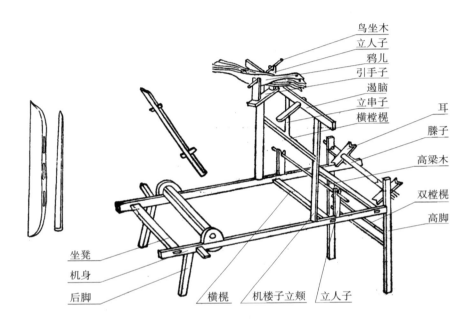

9-2 《梓人遗制》之罗机子图释。

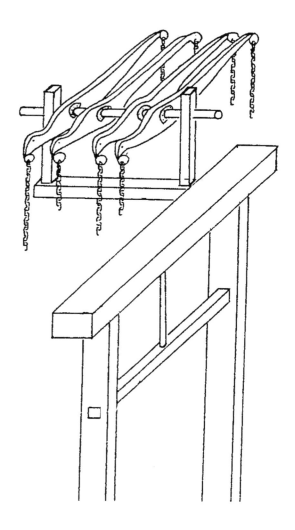

9-3　机楼子结构修正图。《梓人遗制》中罗机子的机楼子结构绘制有误，故以此图更正。

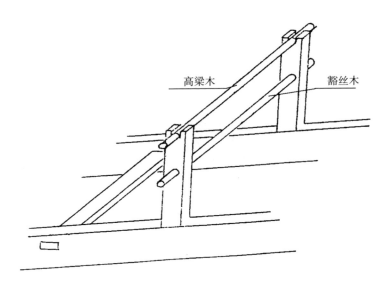

高梁木　　　　豁丝木

9-4　立人子补正图。《梓人遗制》中罗机子的立人子图缺绘豁丝木，故以此图补正。

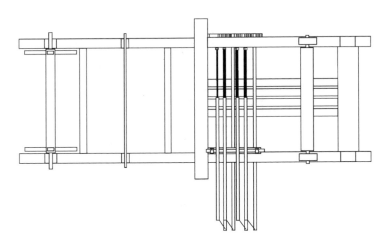

9-5　狄特·库恩根据《梓人遗制》复原的罗机子平面图。（采自《元代〈梓人遗制〉中的织机》）

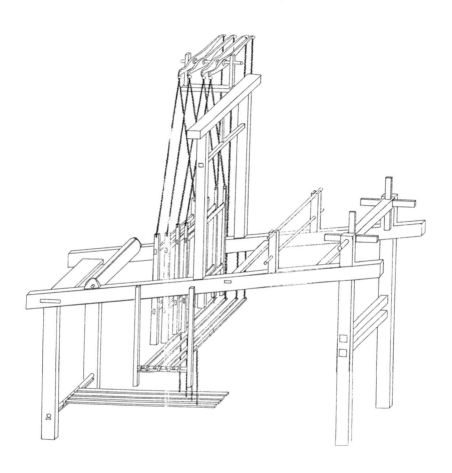

9-6 狄特·库恩根据《梓人遗制》复原的罗机子立体图。（采自《元代〈梓人遗制〉中的织机》）

小布卧机子[1]

用　材

造卧机子之制，立身子[2]高三尺六寸，卧身子[3]与立身子同，径广二寸，厚一寸四分。

立身子前头榥外横广二尺四寸，后头阔一尺六寸，先从立身子上下量摊卯眼[4]。立身子头上向下量六寸，画顺身前马头眼[5]。马头下五寸四分，后是豁丝木眼[6]。豁丝木眼下量三尺二分，后横榥眼[7]。横榥眼下离一寸六分，是卧机身眼[8]。机身下离二寸顺身小橙榥眼[9]。小橙榥眼下离二寸，后横橙眼。横橙榥下离一寸二分脚踏关子眼[10]。

卧身子除前卯向后量二尺五寸后脚眼[11]。后脚眼上，分心两壁顺身各量二寸，画横橙榥眼。横橙上嵌坐板。

马头上一尺三寸，广二寸，厚与机身同。除卯之外，离九寸开縢子轴口。上更安主縢木，厚一寸。

脚踏子长随机两身之广，榥外阔六寸，内短串二条，径各广一寸二分，厚一寸。后短脚榥上一尺二寸，广厚机身同，下安横橙两条[12]。

辊轴长随机两身之广径，方广一寸六分，圆棍[13]。

豁丝木长随机身外楞齐，圆径一寸四分，破棍同前[14]。

鸦儿木长一尺四寸，广二寸，厚八分，两头各留一寸，已里[15]钉镮儿[16]，中心安鸦儿木。

縢子轴长随机子两马头之外[17]，縢耳内一尺七寸明，耳子长一尺六寸，广一寸二分，厚六分。

筬框长二尺二寸，广一寸四分，厚六分。

攀腰镮儿[18]长三寸，广二寸，厚一寸二分。

辊轴耳子[19]长二寸四分，厚八分。

凡机子制度内，或三串栓[20]。马头造，或不三串，机身马头底用主角木，有数等不同，随此加减。

注释

〔1〕小布卧机子：一种单蹑单综类型的织机。《梓人遗制》中的小布卧机子，即《王祯农书》中的布机、卧机，《蚕桑萃编》中的织绸机，《天工开物》中的腰机，民间称作夏布机。这种卧机的机架通常由立身子和卧身子组成，其结构十分巧妙，织造过程中应用了张力补偿原理，体现了我国劳动人民的杰出创造力，但是，这种织机生产在民间的推广甚慢。因此，宋应星《天工开物·乃服·腰机式》云："凡织杭西、罗地等绢，轻素等绸，银条、巾帽等纱，不必用花机，只用小机。织匠以熟皮一方置坐下，其力全在腰尻之上，故名腰机。普天织葛苎棉布者，用此机法，布帛更整齐坚泽，惜今传之犹未广也。"

〔2〕立身子：指矗立的机身上面的两根直木，它是构成机身的主干。《梓人遗制》中的小布卧机子机架由立身子和卧身子两部分组成，与立身子一起的还有鸦儿木、综片、悬鱼儿等机件。

〔3〕卧身子：指构成机身斜卧部分的两根横向的直木，与卧身子一起的还有踏脚板、卷布轴等。

〔4〕量摊卯眼：按规定尺寸分别量定标明卯眼的位置以备凿用。《永乐大典》本原注："上鸦儿口在内。"

〔5〕画顺身前马头眼：顺身，见立机子之顺身解。马头，即提综杆或叫传动摆杆。根据织造时提综开口的动作，织机的踏脚杆用绳子联结在综框和提综杠杆上，综的上面，连在前大后小、形似"马头"的提综杆上。前端较大而重，当经纱放松时，前端靠自重易于下落，完成梭口的交换。其作用与立机子等相同，但布卧机子的马头在机身的后面而不像立机子在机身的前面。《永乐大典》本原注："眼长二寸二分，前斜高向上五分，后低五分。"

〔6〕豁丝木眼：豁丝木，作用、意义同立机子之豁丝木，但位置不同于立机子在马头上，而位于立机身的上面。《永乐大典》本原注："眼圆径八分，安在机身之后。"

〔7〕后横榥眼：后横榥，位于豁丝木与卧身子之间的一根横档木。《永乐大典》本原注："眼长一寸四分。"

〔8〕卧机身眼：《永乐大典》本原注："眼长一寸八分。"

〔9〕小樘榥眼：在樘榥上开一小卵眼，眼长八分。《永乐大典》本原注："眼长八分。"

〔10〕脚踏关子眼：关，《说文解字》："关，以木横持门户也。"小布卧机子的脚踏不像立机子或华机子等直接由单根木头组成，而是由几根木头纵横接合成窗扇形，脚踏关子是连接立身子之间的起到脚踏上下起落之转轴作用的横木，故名关子。《永乐大典》本原注："眼子圆径一寸。"

〔11〕后脚眼：《永乐大典》本原注："与前脚同。"

〔12〕横樘两条：《永乐大典》本原注："广一寸，厚八分。"

〔13〕圆棍：原写作圆混，疑为棍之误，故改用棍。

〔14〕破棍同前：棍，原作混。破棍，指穿过机身卵眼至机身外侧的圆棍，即豁丝木的外宽尺寸，破，穿透。营造学社本写作"同前"，这里取后者。

〔15〕已里：顶端。已，完毕，中止。里，一定范围以内。

〔16〕镮儿：金属圆环或其他固定件。

〔17〕滕子轴长随机子两马头之外：滕子轴，即经轴。长随机子两马头，指宽度按照机身上的两马头间的距离。《永乐大典》本原注："径方广一寸六分。"指滕子轴的高和宽为一寸六分。

〔18〕攀腰镮儿：搭附在中间位置的环扣。

〔19〕辊轴耳子：《永乐大典》本原注："又谓之悬鱼儿。"又，朱启钤校刊本按："辊轴、筬框、攀腰镮儿、辊轴耳子之结构及搭配方法不明。"以上，将辊轴耳子称作悬鱼儿可能有误。根据织机脚踏卧机的一般工作原理，筬框挂在鸦儿木的前端，悬鱼儿连接鸦儿木和踏脚板，悬鱼儿中穿一辊轴，起到压经棒的作用，立身子上向后伸出马头，滕子安装于此，攀腰镮儿连接卷布轴缚于织工腰上。织造原理是利用一块踏脚板和鸦儿木相连提综开口提起一组经丝，由悬鱼儿上的压经棒将另一组经丝下压，使张力得以补偿并开口更加清晰。当踏脚板放开时，织机恢复到由豁丝木进行的开口。

〔20〕三串栓：三个连在一起的栓塞。

功　限

　　卧机子一个，滕子、筬框、辊轴共各皆完备全五功七分，如嵌牙子内起心线，压边线，更加一功五分。

　　解割在外。

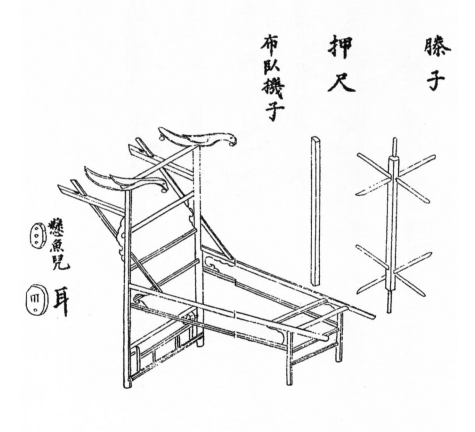

滕子

押尺

布臥機子

懸魚兒

耳

10-1 《梓人遗制》之小布卧机子原图。

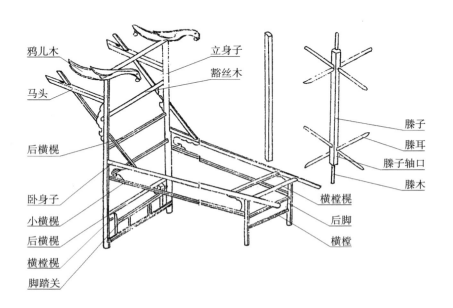

10-2 《梓人遗制》之小布卧机子图释。

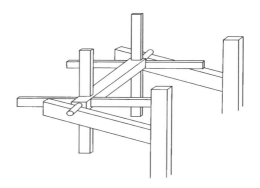

10-3 《梓人遗制》之小布卧机子滕子装配图。原图中滕子单列，没有装配在织机上面，故补绘此装配图。

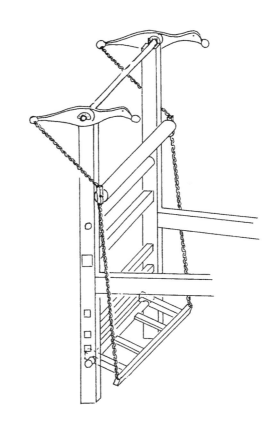

10-4 《梓人遗制》中小布卧机子上面的鸦儿木、辊轴、脚踏关子之间的运动和结构关系图。

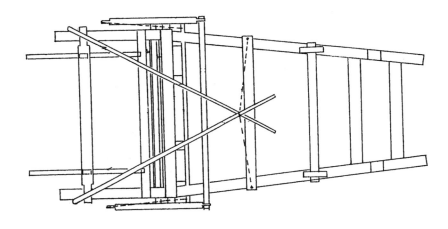

10-5　狄特·库恩根据《梓人遗制》复原的小布卧机子平面图。（采自《元代〈梓人遗制〉中的织机》）

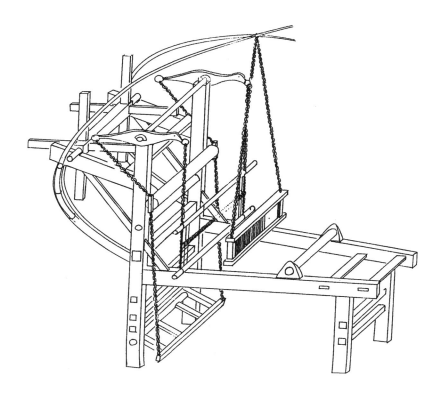

10-6　狄特·库恩根据《梓人遗制》复原的小布卧机子立体图。（采自《元代〈梓人遗制〉中的织机》）

提花机件释名

　　提花技术是将复杂的织机开口信息用综或花本贮存起来，反复作用，控制每一次开口，使织机能织成图案精美、色彩缤纷或是平素的织物。在织花的生产过程中，古代织工要熟悉织机的结构和织造原理，并且需要具备熟练的操作技术。为了便于操作工序的进行和技术的传授，古人给织机的各个部件都取了名称，同时因为有了机件的名称和构造说明，对后来木匠们打造织机以及推广、传承织机技术也起到了重要作用。古代提花机件的名称很多，而且相同机件可能有不同叫法，不同机件可能采用同样的名称，所以罗列提花机件名称，给予解释，进而明晰概念是十分必要的。在此征引《梓人遗制》《天工开物》《蚕桑萃编》《湖蚕述》《凤麓小志》以及南京云锦织机中出现的机具名，并一一释名解说，这些机件名称已经大体包括了古代提花织机机件涉及的名称。

古代提花机部件名称解说表

序号	机具部件名	用途注解	织机类型	文献或名物出处
1	机身	靠织工方向织机前半部两侧的两根主直木,两机身距离相当于织机宽度	小花楼束综提花机 大花楼束综提花机	〔元〕薛景石《梓人遗制》 〔清〕卫杰《蚕桑萃编》 南京云锦机具名
2	机腿	支撑机身的立柱	大花楼束综提花机	〔清〕卫杰《蚕桑萃编》 南京云锦机具名
3	机头	织工操作部位	大花楼束综提花机	〔清〕陈作霖《凤麓小志》 南京云锦机具名
4	机颈子	机身竹筘至局头的部位	大花楼束综提花机	〔清〕陈作霖《凤麓小志》 南京云锦机具名
5	腰机腿	支撑机身立柱	大花楼束综提花机	〔清〕陈作霖《凤麓小志》
6	腰机横档	机身横档	大花楼束综提花机	〔清〕陈作霖《凤麓小志》
7	机身横档	机身横档	大花楼束综提花机	南京云锦机具名
8	排雁	织机后部两根主直木	大花楼束综提花机	〔清〕卫杰《蚕桑萃编》 〔清〕陈作霖《凤麓小志》
9	排檐	织机后部两根主直木	大花楼束综提花机	南京云锦机具名
10	排雁槽	排雁连接机身之槽	大花楼束综提花机	〔清〕卫杰《蚕桑萃编》 〔清〕陈作霖《凤麓小志》
11	鼎桩	机后顶枪脚木桩	大花楼束综提花机	〔清〕陈作霖《凤麓小志》
12	顶桩	机后顶枪脚木桩	大花楼束综提花机	南京云锦机具名
13	枪脚	经轴支架	大花楼束综提花机	〔清〕卫杰《蚕桑萃编》 〔清〕陈作霖《凤麓小志》 南京云锦机具名

（续表）

序号	机具部件名	用途注解	织机类型	文献或名物出处
14	枪脚盘	经轴支架底座	大花楼束综提花机	〔清〕卫杰《蚕桑萃编》南京云锦机具名
15	拖泥	经轴支架底座	大花楼束综提花机	〔清〕陈作霖《凤麓小志》
16	站桩	固定机腿的石桩	大花楼束综提花机	〔清〕陈作霖《凤麓小志》
17	抵机石	埋在机头之石，用于固定机身	大花楼束综提花机	〔清〕卫杰《蚕桑萃编》
18	鼎机石	埋在机头之石，用于固定机身	大花楼束综提花机	〔清〕陈作霖《凤麓小志》南京云锦机具名
19	顶机石	埋在机头之石，用于固定机身	大花楼束综提花机	南京云锦机具名
20	排檐槽	排雁连接机身之槽	大花楼束综提花机	南京云锦机具名
21	后靠背楼子	机头上方木架	小花楼束综提花机	〔元〕薛景石《梓人遗制》
22	门楼	机头上方木架	小花楼束综提花机 大花楼束综提花机	〔明〕宋应星《天工开物》南京云锦机具名
23	花门	门楼各部件总称	大花楼束综提花机	〔清〕卫杰《蚕桑萃编》
24	桩子	上开口地综（起综）	小花楼束综提花机	〔元〕薛景石《梓人遗制》
25	三架梁	安装弓棚用	大花楼束综提花机	〔清〕卫杰《蚕桑萃编》〔清〕陈作霖《凤麓小志》南京云锦机具名
26	高佬	三架梁高支柱	大花楼束综提花机	〔清〕卫杰《蚕桑萃编》
27	矮佬	三架梁低支柱	大花楼束综提花机	〔清〕卫杰《蚕桑萃编》

（续表）

序号	机具部件名	用途注解	织机类型	文献或名物出处
28	鸭子嘴	三架梁低支柱	大花楼束综提花机	〔清〕陈作霖《凤麓小志》南京云锦机具名
29	鸡冠	调节三架梁高低	大花楼束综提花机	〔清〕卫杰《蚕桑萃编》〔清〕陈作霖《凤麓小志》南京云锦机具名
30	赶著力	安鹦哥架用	大花楼束综提花机	〔清〕卫杰《蚕桑萃编》
31	鹦哥架	安鹦哥架用	大花楼束综提花机	〔清〕陈作霖《凤麓小志》南京云锦机具名
32	鹦哥	提范子之杠杆	大花楼束综提花机	〔清〕卫杰《蚕桑萃编》〔清〕陈作霖《凤麓小志》南京云锦机具名
33	鸽子笼	鹦哥架	大花楼束综提花机	〔清〕卫杰《蚕桑萃编》，另，在清陈作霖《凤麓小志》中，固定弓篷用的也叫鸽子笼
34	仙桥	鹦哥架	大花楼束综提花机	〔清〕陈作霖《凤麓小志》
35	城墙垛	鹦哥架	大花楼束综提花机	南京云锦机具名
36	穿心干	鹦哥子轴	大花楼束综提花机	〔清〕卫杰《蚕桑萃编》
37	穿心竹	鹦哥子轴	大花楼束综提花机	〔清〕陈作霖《凤麓小志》
38	过山龙	鹦哥子轴	大花楼束综提花机	南京云锦机具名
39	菱角钩	鹦哥下挂范子用	大花楼束综提花机	〔清〕卫杰《蚕桑萃编》〔清〕陈作霖《凤麓小志》南京云锦机具名

（续表）

序号	机具部件名	用途注解	织机类型	文献或名物出处
40	干出力	与鹦哥架对称之木	大花楼束综提花机	南京云锦机具名
41	滚头	上开口地综（起综） 下开口地综（伏综）	小花楼束综提花机	〔清〕汪日桢《湖蚕述》
42	栈	下开口地综	大花楼束综提花机	〔清〕卫杰《蚕桑萃编》
43	障	下开口地综	大花楼束综提花机	〔清〕陈作霖《凤麓小志》
44	障子	下开口地综	大花楼束综提花机	南京云锦机具名
45	范子	上开口地综	大花楼束综提花机	〔清〕卫杰《蚕桑萃编》 〔清〕陈作霖《凤麓小志》 南京云锦机具名
46	扒挡竹	分隔范、障子用	大花楼束综提花机	〔清〕卫杰《蚕桑萃编》
47	合挡竹	分隔范、障子用	大花楼束综提花机	〔清〕陈作霖《凤麓小志》
48	隔障竹	分隔范、障子用	大花楼束综提花机	南京云锦机具名
49	蘸桩子	下开口地综（伏综）	小花楼束综提花机	〔元〕薛景石《梓人遗制》
50	特木儿	提起综之杠杆，又称鸦儿木	小花楼束综提花机	〔元〕薛景石《梓人遗制》
51	老鸦翅	提起综之杠杆，又称鸦儿木	小花楼束综提花机	〔明〕宋应星《天工开物》
52	丫儿	提起综之杠杆，又称鸦儿木	小花楼束综提花机	〔清〕汪日桢《湖蚕述》
53	立人子	鸦儿木支架	小花楼束综提花机	〔元〕薛景石《梓人遗制》

（续表）

序号	机具部件名	用途注解	织机类型	文献或名物出处
54	立人	撞杆支架	大花楼束综提花机	〔清〕卫杰《蚕桑萃编》 〔清〕陈作霖《凤麓小志》 南京云锦机具名
55	立人筲	撞杆与狮子口之梢	大花楼束综提花机	〔清〕陈作霖《凤麓小志》
56	立人销	撞杆与狮子口之梢	大花楼束综提花机	南京云锦机具名
57	立人钉	立人摆动之轴心	大花楼束综提花机	〔清〕陈作霖《凤麓小志》
58	立人芯	立人摆动之轴心	大花楼束综提花机	南京云锦机具名
59	狮子口	立人上开口	大花楼束综提花机	〔清〕卫杰《蚕桑萃编》 南京云锦机具名
60	立人盘	立人基座	大花楼束综提花机	〔清〕卫杰《蚕桑萃编》 〔清〕陈作霖《凤麓小志》 南京云锦机具名
61	贵连	用于支托撞机石	大花楼束综提花机	〔清〕卫杰《蚕桑萃编》
62	鬼脸	用于支托撞机石	大花楼束综提花机	〔清〕陈作霖《凤麓小志》 南京云锦机具名
63	托盘石	增加撞机力	大花楼束综提花机	〔清〕卫杰《蚕桑萃编》
64	撞机石	增加撞机力	大花楼束综提花机	〔清〕陈作霖《凤麓小志》 南京云锦机具名
65	立人桩	固定立人之石桩	大花楼束综提花机	〔清〕陈作霖《凤麓小志》 南京云锦机具名
66	海底	立人底座	大花楼束综提花机	〔清〕卫杰《蚕桑萃编》 南京云锦机具名

（续表）

序号	机具部件名	用途注解	织机类型	文献或名物出处
67	鸟坐木	固定鸦儿木之轴	小花楼束综提花机	〔元〕薛景石《梓人遗制》
68	铁铃	连接鸦儿木与起综	小花楼束综提花机	〔明〕宋应星《天工开物》
69	后顺桄	安放立人子的木条	小花楼束综提花机	〔元〕薛景石《梓人遗制》
70	弓棚	伏综回复装置	小花楼束综提花机	〔元〕薛景石《梓人遗制》
71	弓棚篾	障子回复装置	大花楼束综提花机	〔清〕卫杰《蚕桑萃编》
72	弓篷	障子回复装置	大花楼束综提花机	〔清〕陈作霖《凤麓小志》 南京云锦机具名
73	豆腐箱	固定弓篷用	大花楼束综提花机	〔清〕卫杰《蚕桑萃编》 南京云锦机具名
74	龙骨	纤线编组定的竹杆，用于转纤	大花楼束综提花机	〔清〕卫杰《蚕桑萃编》 〔清〕陈作霖《凤麓小志》 南京云锦机具名
75	千斤筒	吊挂纤线之竹筒	大花楼束综提花机	〔清〕卫杰《蚕桑萃编》 〔清〕陈作霖《凤麓小志》 南京云锦机具名
76	纤线	提花综线	大花楼束综提花机	〔清〕卫杰《蚕桑萃编》
77	牵线	提花综线	大花楼束综提花机	南京云锦机具名
78	脊刺	范子编组定位竹杆，用于转范子	大花楼束综提花机	〔清〕陈作霖《凤麓小志》
79	范脊子	子编组定位竹杆，用于转范子	大花楼束综提花机	南京云锦机具名

（续表）

序号	机具部件名	用途注解	织机类型	文献或名物出处
80	五星绳	连接横沿竹与鹦哥	大花楼束综提花机	〔清〕卫杰《蚕桑萃编》
81	拽范绳	连接横沿竹与鹦哥	大花楼束综提花机	〔清〕陈作霖《凤麓小志》
82	竖沿绳	连接横沿竹与鹦哥	大花楼束综提花机	南京云锦机具名
83	涩木	伏综回复装置	小花楼束综提花机	〔明〕宋应星《天工开物》
84	塞木	伏综回复装置	小花楼束综提花机	〔清〕汪日桢《湖蚕述》
85	弓棚架	固定弓棚用	小花楼束综提花机	〔元〕薛景石《梓人遗制》
86	弓棚绳	连接障与弓棚	大花楼束综提花机	〔清〕卫杰《蚕桑萃编》
87	钓障绳	连接障与弓棚	大花楼束综提花机	〔清〕陈作霖《凤麓小志》
88	吊障绳	连接障与弓棚	大花楼束综提花机	南京云锦机具名
89	络脚绳	连接踏杆与横沿竹	大花楼束综提花机	〔清〕陈作霖《凤麓小志》
90	连脚绳	连接踏杆与横沿竹	大花楼束综提花机	南京云锦机具名
91	肚带绳	连接障与带障绳	大花楼束综提花机	〔清〕陈作霖《凤麓小志》 南京云锦机具名
92	钓篾	从鹦哥吊范子	大花楼束综提花机	〔清〕卫杰《蚕桑萃编》 〔清〕陈作霖《凤麓小志》
93	前顺桄	安放弓棚架的木条	小花楼束综提花机	〔元〕薛景石《梓人遗制》
94	踏肺棒	脚踏杆	小花楼束综提花机	〔清〕汪日桢《湖蚕述》
95	横沿竹	连接鸦儿木和脚踏杆之木 连接鹦哥和脚竹	小花楼束综提花机 大花楼束综提花机	〔清〕汪日桢《湖蚕述》 南京云锦机具名

（续表）

序号	机具部件名	用途注解	织机类型	文献或名物出处
96	横眼竹	连接鹦哥和脚竹	大花楼束综提花机	〔清〕卫杰《蚕桑萃编》
97	脚竿竹	控制范、障运动的脚踏杆	大花楼束综提花机	〔清〕卫杰《蚕桑萃编》
98	踏杆	脚踏杆	大花楼束综提花机	南京云锦机具名
99	老鼠尾	固定横沿竹左端	大花楼束综提花机	〔清〕卫杰《蚕桑萃编》〔清〕陈作霖《凤麓小志》
100	老鼠闩	固定横沿竹左端	大花楼束综提花机	南京云锦机具名
101	天平架	架横沿竹用	大花楼束综提花机	〔清〕卫杰《蚕桑萃编》
102	脚竹钉	穿在脚竹顶端的粗铁丝，固定踏杆一端	大花楼束综提花机	〔清〕陈作霖《凤麓小志》
103	脚竹芯	固定踏杆一端	大花楼束综提花机	南京云锦机具名
104	机楼	提花装置	小花楼束综提花机	〔元〕薛景石《梓人遗制》
105	花楼	提花装置	小花楼束综提花机	〔明〕宋应星《天工开物》〔清〕汪日桢《湖蚕述》
106	机楼扇子立颊	提花楼柱子	小花楼束综提花机	〔元〕薛景石《梓人遗制》
107	楼柱	提花楼柱子	大花楼束综提花机	〔清〕卫杰《蚕桑萃编》〔清〕陈作霖《凤麓小志》南京云锦机具名
108	花楼柱	装花本支柱	大花楼束综提花机	〔清〕卫杰《蚕桑萃编》
109	冲天柱	装花本支柱	大花楼束综提花机	〔清〕陈作霖《凤麓小志》南京云锦机具名

（续表）

序号	机具部件名	用途注解	织机类型	文献或名物出处
110	冲天云柱	装花本支柱	小花楼束综提花机	〔元〕薛景石《梓人遗制》
111	樘桄	楼柱横档	小花楼束综提花机	〔元〕薛景石《梓人遗制》
112	横档	楼柱横档	大花楼束综提花机	〔清〕陈作霖《凤麓小志》
113	楼柱横档	楼柱横档	大花楼束综提花机	南京云锦机具名
114	燕翅	搁提花坐板用	大花楼束综提花机	〔清〕卫杰《蚕桑萃编》 南京云锦机具名
115	八字撑	燕翅下斜撑	大花楼束综提花机	〔清〕卫杰《蚕桑萃编》 南京云锦机具名
116	小排雁	燕翅内侧木板	大花楼束综提花机	〔清〕卫杰《蚕桑萃编》 南京云锦机具名
117	椿橙盖	盖冲天柱	大花楼束综提花机	〔清〕卫杰《蚕桑萃编》
118	盖头	盖楼柱顶	大花楼束综提花机	〔清〕卫杰《蚕桑萃编》
119	火轮圈	盖楼柱顶	大花楼束综提花机	南京云锦机具名
120	龙脊杆子	盖冲天柱	小花楼束综提花机	〔元〕薛景石《梓人遗制》
121	遏脑	盖楼柱顶	小花楼束综提花机	〔元〕薛景石《梓人遗制》
122	文轴子	提花本滚柱，又名叫机	小花楼束综提花机	〔元〕薛景石《梓人遗制》
123	花鸡	提花本滚柱	大花楼束综提花机	〔清〕卫杰《蚕桑萃编》
124	花机	提花本滚柱	大花楼束综提花机	南京云锦机具名

（续表）

序号	机具部件名	用途注解	织机类型	文献或名物出处
125	魁挑橙	装花鸡支架	大花楼束综提花机	〔清〕卫杰《蚕桑萃编》
126	花锛	装花鸡支架	大花楼束综提花机	南京云锦机具名
127	枕头	枕拽花坐板	大花楼束综提花机	〔清〕卫杰《蚕桑萃编》
128	坐板枕头	枕拽花坐板	大花楼束综提花机	南京云锦机具名
129	大坐板	拽花者坐	大花楼束综提花机	〔清〕卫杰《蚕桑萃编》
130	拽花坐板	拽花者坐	大花楼束综提花机	南京云锦机具名
131	井口木	拉花者坐木	小花楼束综提花机	〔元〕薛景石《梓人遗制》
132	花楼架木	拉花者坐木	小花楼束综提花机	〔明〕宋应星《天工开物》
133	接板	拉花者坐木	小花楼束综提花机	〔清〕汪日桢《湖蚕述》
134	牵拔	吊挂花本线之横木	小花楼束综提花机	〔元〕薛景石《梓人遗制》
135	花本线	花本上直线	小花楼束综提花机 大花楼束综提花机	〔清〕汪日桢《湖蚕述》 〔清〕卫杰《蚕桑萃编》
136	脚子线	花本上直线	大花楼束综提花机	南京云锦机具名
137	架花竹	挂花本用	大花楼束综提花机	〔清〕卫杰《蚕桑萃编》
138	撷花线	花本上横线	小花楼束综提花机	〔清〕汪日桢《湖蚕述》
139	耳子线	花本上横线	大花楼束综提花机	南京云锦机具名
140	打经板	压于经线上	大花楼束综提花机	〔清〕卫杰《蚕桑萃编》
141	打丝板	压于经线上	大花楼束综提花机	〔清〕陈作霖《凤麓小志》 南京云锦机具名

（续表）

序号	机具部件名	用途注解	织机类型	文献或名物出处
142	起撇竹	编纤线的猪脚	大花楼束综提花机	〔清〕卫杰《蚕桑萃编》
143	渠撇竹	编纤线的猪脚	大花楼束综提花机	〔清〕陈作霖《凤麓小志》
144	渠头竹	编纤线的猪脚	大花楼束综提花机	南京云锦机具名
145	直线	提花综线，与花本线相连	小花楼束综提花机	〔清〕汪日桢《湖蚕述》
146	衢盘	使综线均匀分布之竹架	小花楼束综提花机	〔明〕宋应星《天工开物》
147	衢脚	综线底部的小竹棍，可使综线回落	小花楼束综提花机	〔明〕宋应星《天工开物》
148	猪脚	综线底部的小竹棍，可使综线回落	大花楼束综提花机	〔清〕卫杰《蚕桑萃编》〔清〕陈作霖《凤麓小志》
149	柱脚	综线底部的小竹棍，可使综线回落	大花楼束综提花机	南京云锦机具名
150	猪脚盘	编排猪脚的竹竿	大花楼束综提花机	〔清〕卫杰《蚕桑萃编》
151	猪脚盆	编排猪脚的竹竿	大花楼束综提花机	〔清〕陈作霖《凤麓小志》
152	柱脚盘	编排猪脚的竹竿	大花楼束综提花机	南京云锦机具名
153	猪脚线	综线与猪脚的连线	大花楼束综提花机	〔清〕卫杰《蚕桑萃编》〔清〕陈作霖《凤麓小志》
154	柱脚线	综线与猪脚的连线	大花楼束综提花机	南京云锦机具名
155	柱脚坑	容放猪脚的坑	大花楼束综提花机	〔清〕陈作霖《凤麓小志》

（续表）

序号	机具部件名	用途注解	织机类型	文献或名物出处
156	机坑	容放猪脚的坑	大花楼束综提花机	南京云锦机具名
157	旗脚足	综线底部的小竹棍，可使综线回落	小花楼束综提花机	〔清〕汪日桢《湖蚕述》
158	旗脚线	综线与衢脚的连线	小花楼束综提花机	〔清〕汪日桢《湖蚕述》
159	旗坑潭	容衢脚之坑	小花楼束综提花机	〔清〕汪日桢《湖蚕述》
160	筘	打纬用	小花楼束综提花机 大花楼束综提花机	〔元〕薛景石《梓人遗制》 〔清〕汪日桢《湖蚕述》 〔清〕卫杰《蚕桑萃编》 〔清〕陈作霖《凤麓小志》
161	竹筘	打纬用	大花楼束综提花机	南京云锦机具名
162	筘齿	筘齿	大花楼束综提花机	〔清〕陈作霖《凤麓小志》 南京云锦机具名
163	边齿	用于边经之筘	大花楼束综提花机	〔清〕陈作霖《凤麓小志》 南京云锦机具名
164	核齿核档	筘上标记	大花楼束综提花机	〔清〕陈作霖《凤麓小志》
165	黑齿黑档	筘上标记	大花楼束综提花机	南京云锦机具名
166	上筐	上筘筐	大花楼束综提花机	〔清〕卫杰《蚕桑萃编》
167	筐匣	上筘筐	大花楼束综提花机	〔清〕陈作霖《凤麓小志》 南京云锦机具名
168	下筐	下筘筐	大花楼束综提花机	〔清〕卫杰《蚕桑萃编》
169	筐盖	下筘筐	大花楼束综提花机	〔清〕陈作霖《凤麓小志》 南京云锦机具名

（续表）

序号	机具部件名	用途注解	织机类型	文献或名物出处
170	筐闩	连接上下筘框	大花楼束综提花机	〔清〕陈作霖《凤麓小志》南京云锦机具名
171	底条	筘框边托梭板	大花楼束综提花机	〔清〕卫杰《蚕桑萃编》〔清〕陈作霖《凤麓小志》南京云锦机具名
172	框	筘框	小花楼束综提花机	〔元〕薛景石《梓人遗制》
173	吊框绳	悬挂筘用	大花楼束综提花机	〔清〕卫杰《蚕桑萃编》
174	吊筐绳	悬挂筘用	大花楼束综提花机	南京云锦机具名
175	钓筐绳	悬挂筘用	大花楼束综提花机	〔清〕陈作霖《凤麓小志》
176	牛眼珠圈	吊筐绳上铁环	大花楼束综提花机	〔清〕卫杰《蚕桑萃编》
177	牛眼睛	吊筐绳上铁环	大花楼束综提花机	〔清〕陈作霖《凤麓小志》
178	吊筐子	吊筐绳上铁环	大花楼束综提花机	南京云锦机具名
179	扶梭板	框边部件	大花楼束综提花机	〔清〕卫杰《蚕桑萃编》
180	护梭板	框边部件	大花楼束综提花机	〔清〕陈作霖《凤麓小志》南京云锦机具名
181	扶撑	幅撑	大花楼束综提花机	〔清〕卫杰《蚕桑萃编》
182	幅撑	幅撑	大花楼束综提花机	南京云锦机具名
183	筘腔	筘框	小花楼束综提花机	〔清〕汪日桢《湖蚕述》
184	鹅材	连接上下筘框用	小花楼束综提花机	〔元〕薛景石《梓人遗制》

（续表）

序号	机具部件名	用途注解	织机类型	文献或名物出处
185	鹅口	筘框上连接撞杆处	小花楼束综提花机	〔元〕薛景石《梓人遗制》
186	燕子窝	筘框上连接撞杆处	大花楼束综提花机	〔清〕陈作霖《凤麓小志》 南京云锦机具名
187	撞竿	连接立人与筘之柄	大花楼束综提花机	〔清〕卫杰《蚕桑萃编》
188	橦杆	连接立人与筘之柄	大花楼束综提花机	〔清〕陈作霖《凤麓小志》
189	撞杆	连接立人与筘之柄	大花楼束综提花机	南京云锦机具名
190	虾须绳	系撞杆与筘用	大花楼束综提花机	〔清〕卫杰《蚕桑萃编》 〔清〕陈作霖《凤麓小志》 南京云锦机具名
191	搭马	控制撞杆运动	大花楼束综提花机	〔清〕卫杰《蚕桑萃编》 〔清〕陈作霖《凤麓小志》
192	高压板	控制撞杆运动	大花楼束综提花机	南京云锦机具名
193	将军柱	连接搭马之踏杆	大花楼束综提花机	〔清〕卫杰《蚕桑萃编》
194	搭马竹	连接搭马之踏杆	大花楼束综提花机	〔清〕陈作霖《凤麓小志》
195	踏马竹	连接搭马之踏杆	大花楼束综提花机	南京云锦机具名
196	锯齿	调节撞杆制动位置	大花楼束综提花机	〔清〕卫杰《蚕桑萃编》
197	锯子齿	调节撞杆制动位置	大花楼束综提花机	〔清〕陈作霖《凤麓小志》 南京云锦机具名
198	钓鱼杆	调搭马之弹簧	大花楼束综提花机	〔清〕卫杰《蚕桑萃编》 〔清〕陈作霖《凤麓小志》 南京云锦机具名

（续表）

序号	机具部件名	用途注解	织机类型	文献或名物出处
199	过梭板	放梭子的搁板	大花楼束综提花机	〔清〕卫杰《蚕桑萃编》
200	搁梭板	放梭子的搁板	大花楼束综提花机	南京云锦机具名
201	捋滚绳	悬挂筘用	小花楼束综提花机	〔清〕汪日桢《湖蚕述》
202	立杆	连接立人子与筘之柄	小花楼束综提花机	〔元〕薛景石《梓人遗制》
203	送竿棒	连接立人子与筘之柄	小花楼束综提花机	〔清〕汪日桢《湖蚕述》
204	叠助	撞杆支架，以增加筘打纬之力	小花楼束综提花机	〔明〕宋应星《天工开物》
205	卧牛子	立人子基座	小花楼束综提花机	〔元〕薛景石《梓人遗制》
206	梭子	投纬用	小花楼束综提花机 大花楼束综提花机	〔元〕薛景石《梓人遗制》 〔清〕汪日桢《湖蚕述》 〔清〕卫杰《蚕桑萃编》 〔清〕陈作霖《凤麓小志》 南京云锦机具名
207	文刀	织金线用	大花楼束综提花机	〔清〕卫杰《蚕桑萃编》
208	文刀头	织金线用	大花楼束综提花机	〔清〕陈作霖《凤麓小志》
209	纹刀头	织金线用	大花楼束综提花机	南京云锦机具名
210	边鹅眼	纹刀头小眼	大花楼束综提花机	〔清〕陈作霖《凤麓小志》 南京云锦机具名
211	纬绷	装纬管用	大花楼束综提花机	〔清〕卫杰《蚕桑萃编》
212	纬盆	装纬管用	大花楼束综提花机	〔清〕陈作霖《凤麓小志》 南京云锦机具名

（续表）

序号	机具部件名	用途注解	织机类型	文献或名物出处
213	卷轴	卷布轴	小花楼束综提花机	〔元〕薛景石《梓人遗制》
214	锯头	卷布轴	大花楼束综提花机	〔清〕卫杰《蚕桑萃编》
215	局头	卷布轴	大花楼束综提花机	〔清〕陈作霖《凤麓小志》南京云锦机具名
216	衬局	卷轴上衬纸	大花楼束综提花机	〔清〕陈作霖《凤麓小志》南京云锦机具名
217	局头槽	卷轴上水槽	大花楼束综提花机	〔清〕陈作霖《凤麓小志》南京云锦机具名
218	扎伏	槽中竹压条	大花楼束综提花机	〔清〕卫杰《蚕桑萃编》
219	穿扎	槽中竹压条	大花楼束综提花机	〔清〕陈作霖《凤麓小志》南京云锦机具名
220	压伏	槽外木压条	大花楼束综提花机	〔清〕陈作霖《凤麓小志》南京云锦机具名
221	拖机布	卷轴上盖布	大花楼束综提花机	〔清〕卫杰《蚕桑萃编》
222	轴	卷布轴	小花楼束综提花机	〔清〕汪日桢《湖蚕述》
223	兔耳	卷布轴座基	小花楼束综提花机	〔元〕薛景石《梓人遗制》
224	紧交棒	绞紧卷轴用	小花楼束综提花机	〔清〕汪日桢《湖蚕述》
225	紧交绳	绞绳	小花楼束综提花机	〔清〕汪日桢《湖蚕述》
226	坐机板	织工坐板	小花楼束综提花机	〔清〕汪日桢《湖蚕述》
227	坐板	织工和拽工坐板	大花楼束综提花机	〔清〕卫杰《蚕桑萃编》〔清〕陈作霖《凤麓小志》南京云锦机具名

（续表）

序号	机具部件名	用途注解	织机类型	文献或名物出处
228	滕子轴	经轴	小花楼束综提花机	〔元〕薛景石《梓人遗制》
229	的杠	经轴	小花楼束综提花机	〔明〕宋应星《天工开物》
230	狗头	经轴	小花楼束综提花机	〔清〕汪日桢《湖蚕述》
231	敌花	经轴	大花楼束综提花机	〔清〕卫杰《蚕桑萃编》
232	迪花	经轴	大花楼束综提花机	〔清〕陈作霖《凤麓小志》南京云锦机具名
233	包迪布	经轴衬布	大花楼束综提花机	〔清〕陈作霖《凤麓小志》南京云锦机具名
234	狗脑	卷轴轴座	大花楼束综提花机	〔清〕卫杰《蚕桑萃编》〔清〕陈作霖《凤麓小志》南京云锦机具名
235	搅尺	绞紧卷轴用	大花楼束综提花机	〔清〕卫杰《蚕桑萃编》
236	较尺	绞紧卷轴用	大花楼束综提花机	〔清〕陈作霖《凤麓小志》
237	绞尺	绞紧卷轴用	大花楼束综提花机	南京云锦机具名
238	千斤桩	绞尺支点	大花楼束综提花机	〔清〕陈作霖《凤麓小志》南京云锦机具名
239	辫	绞绳	大花楼束综提花机	〔清〕陈作霖《凤麓小志》
240	辫带踏马竹	绞绳	大花楼束综提花机	南京云锦机具名
241	短绳	计织成长度	大花楼束综提花机	〔清〕卫杰《蚕桑萃编》
242	遭线	计织成长度	大花楼束综提花机	〔清〕陈作霖《凤麓小志》南京云锦机具名

（续表）

序号	机具部件名	用途注解	织机类型	文献或名物出处
243	遭线管	计织成长度	大花楼束综提花机	〔清〕陈作霖《凤麓小志》南京云锦机具名
244	海底楔	卷座下部紧固件	大花楼束综提花机	〔清〕陈作霖《凤麓小志》南京云锦机具名
245	靠山楔	轴座侧紧固件	大花楼束综提花机	〔清〕陈作霖《凤麓小志》南京云锦机具名
246	称庄	经轴支架	小花楼束综提花机	〔明〕宋应星《天工开物》
247	耳版	经轴定位齿轮	小花楼束综提花机	〔元〕薛景石《梓人遗制》
248	羊角	经轴定位齿轮	大花楼束综提花机	〔清〕卫杰《蚕桑萃编》〔清〕陈作霖《凤麓小志》南京云锦机具名
249	打角方	制动羊角用	大花楼束综提花机	〔清〕卫杰《蚕桑萃编》
250	搭角方	制动羊角用	大花楼束综提花机	南京云锦机具名
251	拽放绳	手拉放经轴	大花楼束综提花机	〔清〕卫杰《蚕桑萃编》
252	老缩绳	套住羊角	大花楼束综提花机	〔清〕卫杰《蚕桑萃编》
253	边扒	卷绕边经用	大花楼束综提花机	〔清〕卫杰《蚕桑萃编》南京云锦机具名
254	边爬	卷绕边经用	大花楼束综提花机	〔清〕陈作霖《凤麓小志》
255	绺头爬	卷绕经轴余丝用	大花楼束综提花机	〔清〕陈作霖《凤麓小志》
256	扶边绳	防止纬管滚出	大花楼束综提花机	〔清〕卫杰《蚕桑萃编》

（续表）

序号	机具部件名	用途注解	织机类型	文献或名物出处
257	伏辫绳	防止纬管滚出	大花楼束综提花机	〔清〕陈作霖《凤麓小志》南京云锦机具名
258	海棒	找断头竹棒	大花楼束综提花机	〔清〕卫杰《蚕桑萃编》
259	云棒	找断头竹棒	大花楼束综提花机	〔清〕陈作霖《凤麓小志》
260	核棒	找断头竹棒	大花楼束综提花机	南京云锦机具名

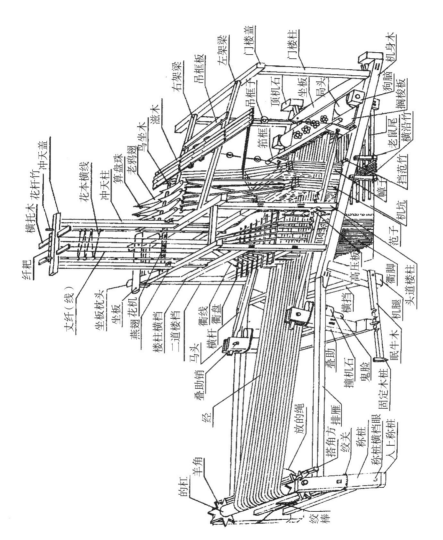

11—1 《天工开物》提花机完整复原图及部件名称注释图。

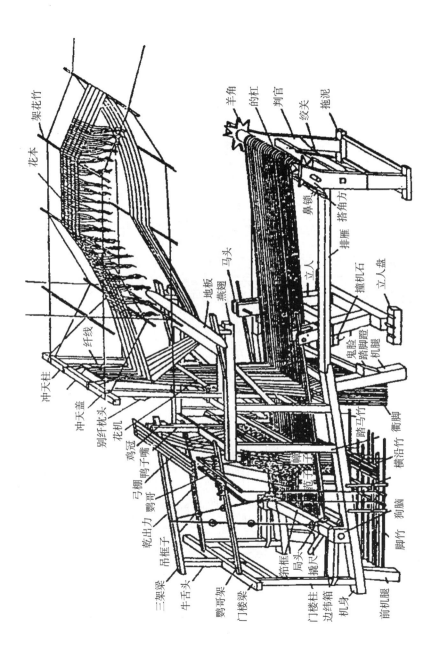

羊角
的杠
判官
纹头
拖泥
鼻锁
搭角方
架花竹
花本
立人
排雁
立人盘
撞机石
纤线
地板
马头
燕翅
鬼脸
踏脚蹬
机腿
冲天柱
冲天盖
别纤枕头
花机
鸡冠
乾出力
鹦哥
弓棚
鸭子嘴
嗤
踏子
范子竿
踏马竹
衢脚
横沿竹
三架梁
牛舌头
鹦哥架
门楼梁
掐框
局头
撬尺
脚机腿
狗脑
门楼柱
边结箱
机身
前机腿

11-2　大花楼云锦妆花缎织机结构及部件名称注释图。

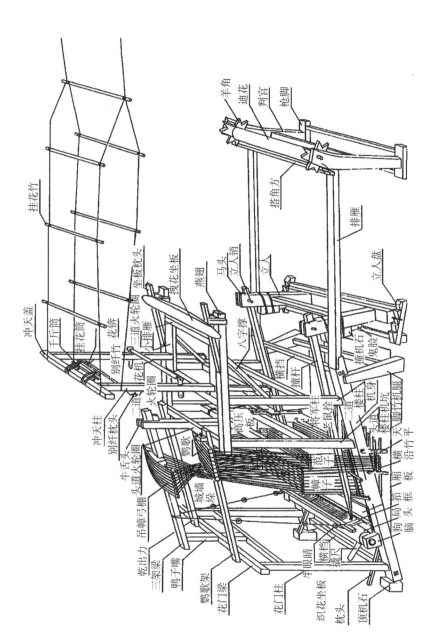

羊角　迪花　判官　枪脚

搭角方

排雁

马头　立人销

立人

立人盘

撞机右　小鬼脸

幢机身

天脚阶机腿入

二道楼柱机坑

头道楼柱机坑

横档

沿竹平

将军柱

高压板

黄档　撞杆

老扇栓

范子

幢子

狗头　脑　横框档　坊尺　厢板

八字撑

燕翅

拽花坐板

坐板枕头

三道火轮圈

小排雁

花筘

别纤纤

挂花竹

二道火轮圈

花机头

火轮圈

鹦歌

牛舌头

头道火轮圈

吊幢弓棚

乾出力

三架梁

鸭子嘴

鹦歌梁

花门梁

花门柱

牛眼睛　横档　撬尺

织花坐板

枕头

顶机石

冲天盖

千斤筒

挂花筒

冲天柱

别纤枕头

挂花竹

11-3　大花楼提花云锦妆花缎机结构及部件名称注释图。

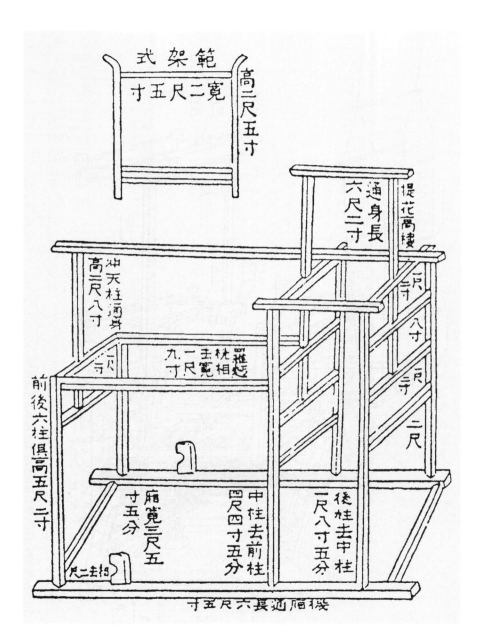

11-4　水平式小花楼机结构及部件名称注释图。（采自《豳风广义》）

古代织机图谱

　　将古代一些具有代表性的织机图集中起来进行分类，可以明晰织机类型的概貌，有助于全面了解织机结构和特征。《梓人遗制》中的织机包含在这里分列的类别中，但在下列织机里，还选了部分国外的古代织机作为例子，这样可以进行比较。虽然世界上不同名称的织机各有生产方式和构造的差别，但织造原理大致相同，即利用机具的不同构造带动经、纬线升降完成交织的一般原理是具有普遍性的，利用这种普遍的共性和生产及构造的差异，我们可以对复杂的织机进行有序的分类。

古代织机的基本类型

序号	织机类别和名称	织机名称及图像	出处或相关说明
1	原始织机	分水平足蹬织机、立架式悬经织机、斜架式悬轴织机三类	原始织机的共同特点是没有完整的支架并利用提综杆开口。由于原始织机中大部分是将织轴用腰背或腰带缚于织造者腰上，因此也被称作原始腰机。原始织机最早出现在新石器时代，在浙江河姆渡文化遗址、河南磁山－裴李岗文化遗址、浙江良渚文化遗址均出土过原始机具部件。至今我国广大少数民族地区依旧保留有原始织机的织造生产，如水平足蹬织机在今天的黎族、彝族人中应用广泛，立架式悬经织机在云南崩龙族中比较常见，斜架式悬轴织机在云南文山苗族中还在使用
1.1	水平式原始足蹬织机	12-1.1-a 良渚织机的复原图	图片来源：赵丰，《良渚织机的复原》，《东南文化》1992年第2期
		12-1.1-b 石寨山出土汉代贮贝器上的纺织铸像	图片来源：王大道，《云南青铜时代纺织初探》，《中国考古学会第一次年会论文集》，文物出版社，1980年
		12-1.1-c〔清〕黎族腰织机	图片来源：《中国大百科全书·纺织》，中国大百科全书出版社，1984年
		12-1.1-d 日本阿伊努族腰织机	图片来源：《服装大百科事典》增补版，日本文化出版局，1983年
		12-1.1-e 印度民间的原始织机	图片来源：《服装大百科事典》增补版，日本文化出版局，1983年
1.2	立架式原始悬经织机	12-1.2-a 公元前560年古希腊陶瓶上的织机图	图片来源：Mary Schoeser, *World Textiles A Concise History*, Thames & Hudson Ltd., London, 2003
		12-1.2-b 北美奥杰布韦部落民族的立架式原始悬经织机	图片来源：郑巨欣拍摄，英国伦敦大英博物馆

（续表）

序号	织机类别和名称	织机名称及图像	出处或相关说明
1.3	斜架式原始悬轴织机	12-1.3-a云南文山苗族使用的斜架式原始悬轴织机，也称梯架式织机	图片来源：王予，《八角星纹与史前织机》，《中国文化》1990年第2期
		12-1.3-b秘鲁出土公元前200年陶碗上的斜架式原始悬轴织机	图片来源：《中国大百科全书·纺织》，中国大百科全书出版社，1984年
2	双轴织机	分水平式双轴织机和垂直式双轴织机两种	双轴织机增加了经轴并用卷轴取代了人体绷经的作用，有了连接经轴和卷轴的机架，是一种介于原始织机与踏板织机之间的织机类型
2.1	水平式双轴织机	12-2.1-a《列女传·敬姜说织》中描述的双轴原始鲁机复原图2式	图片来源：陈维稷，《中国纺织科学技术史（古代部分）》，科学出版社，1984年 图片来源：赵丰，《"姜敬说织"与双轴织机》，《中国科技史料》1991年第1期
		12-2.1-b"传丝公主"画版上面的双轴水平织机	图片来源：R. Whitfield，《西域美术·大英博物馆スタイン·コレクション》，日本讲谈社，1982年
		12-2.1-c公元前4000年古埃及陶碟上的平置式双轴织机	图片来源：《中国大百科全书·纺织》，中国大百科全书出版社，1984年
		12-2.1-d古埃及墓葬中发现的公元前1850—公元前1786年的平置式双轴织机	图片来源：Mary Schoeser, *World Textiles A Concise History*, Thames & Hudson Ltd., London, 2003

（续表）

序号	织机类别和名称	织机名称及图像	出处或相关说明
2.1	水平式双轴织机	12-2.1-e古埃及伯尼哈撒王墓壁画上的织机图	图片来源：《中国大百科全书·纺织》，中国大百科全书出版社，1984年
2.2	垂直式双轴织机	12-2.2-a根据古埃及墓室壁画织机图复制的垂直式双轴织机模型	图片来源：郑巨欣拍摄，中国丝绸博物馆
		12-2.2-b法国巴黎戈布兰国家手工业制造馆的垂直式双轴织机	图片来源：郑巨欣拍摄，法国巴黎戈布兰国家手工业制造馆
3	踏板斜织机	分提压式双蹑单综机和中轴式踏板斜织机两类	提压式双蹑单综机的织造原理是，利用两块踏脚板控制一片综，一块踏脚板通过一根杠杆与织机中部相连，另一块踏脚板直接与中部相连。由于杠杆与综片的上端相连，起着提升综片的作用，与此连接的踏脚板一踏下，综片就向上提，另一踏脚板由于与综片下端相连，踏下脚踏板，综片就被往下拉，因此形成清晰梭口。中轴式踏板斜织机的织造原理是，同样采用两块踏脚板，两块脚踏板通过与织机中轴上面一对成直角的短杆连接形成两副连杆机构，短杆与踏脚板的连接采用刚性木杆或柔性绳索。前者如宏道院、龙阳店、兹云寺汉画像砖上所见织机图像；后者如武梁祠、洪楼、曹庄汉画像砖上所见织机图像
3.1	提压式双蹑单综机	12-3.1-a汉代提压式双蹑单综机复原图	图片来源：夏鼐，《我国古代蚕、桑、丝、绸的历史》，《考古》1972年第2期

（续表）

序号	织机类别和名称	织机名称及图像	出处或相关说明
3.2	中轴式踏板斜织机两类	12-3.2-a江苏铜山洪楼地区汉画像石上的中轴式踏板斜织机	图片来源：俞伟超，《中国美术分类全集·中国画像石全集》，山东美术出版社、河南美术出版社，2000年
		12-3.2-b江苏曹庄出土东汉画像石上的踏板斜织机图	图片来源：《中国大百科全书·纺织》，中国大百科全书出版社，1984年
		12-3.2-c法国AEDTA（亚洲纺织品研究中心）收藏的中国汉代釉陶织机模型	图片来源：赵丰，《织绣珍品》，香港艺纱堂·服饰出版，1999年12月
		12-3.2-d汉代中轴式踏板斜织机复原图	图片来源：赵丰，《汉代踏板织机的复原研究》，《文物》1996年第5期
4	踏板立织机		踏板立织由中轴式双蹑单综斜织机发展而来，由于其经面垂直，故名立机。立机的最早形象出现在敦煌莫高窟第98窟北壁五代壁画《华严经变》，此后山西高平开化寺北宋壁画、薛景石的《梓人遗制》以及中国历史博物馆藏《蚕宫图》中均有发现
		12-4-a莫高窟K98北壁《华严经变》中的立织机图	图片来源：敦煌研究院王进玉先生提供
		12-4-b根据《梓人遗制》的立机子图及说明复原的踏板立机子	图片来源：郑巨欣拍摄，杭州中国丝绸博物馆

（续表）

序号	织机类别和名称	织机名称及图像	出处或相关说明
5	踏板卧织机	分为直提式踏板卧织机和提压式踏板卧织机两种	直提式踏板卧织机由两根卧机身和两根直立脚柱组成机架，提综杆架在直立脚柱组成的机架上面，卧机身与直机身之间有转轴，轴后一根短杆，通过绳索与踏脚相连，轴前两根短杆，提起一片综片，形成开口。提压式踏板卧织机与直提式踏板卧织机的机架基本相同，直立机身上面有一对鸦儿木，末端连着脚踏杆，前端连着综片开口，另在脚踏杆与鸦儿木相连时，中间还连着一根压经杆，这是直提式踏板卧织机所没有的。这根压经杆在织造时起着张力补偿的作用。《梓人遗制》中的小布卧机子属提压式踏板卧织机
5.1	直提式踏板卧织机	12-5.1-a四川成都土桥曾家包东汉画像石上的直提式踏板卧织机	图片来源：陈维稷，《中国纺织科学技术史（古代部分）》，科学出版社，1984年
		12-5.1-b〔元〕王祯《王祯农书》中的直提式踏板卧织机	图片来源：〔元〕王祯撰，王毓瑚校，《王祯农书》，农业出版社，1981年
		12-5.1-c湖南通道侗族单蹑直提式踏板织机	图片来源：《中国科学技术史·机械卷》，科学出版社，2000年
		12-5.1-d日本近代民间使用的双蹑直提式踏板织机	图片来源：《服装大百科事典》（增补版），日本文化出版局，1983年
5.2	提压式踏板卧织机	12-5.2-a六朝孝子棺石刻上的踏板卧织机	图片来源：王予，《八角星纹与史前织机》，《中国文化》1990年第2期

（续表）

序号	织机类别和名称	织机名称及图像	出处或相关说明
5.2	提压式踏板卧织机	12–5.2–b〔明〕宋应星撰《天工开物》中的腰机图	图片来源：〔明〕宋应星，《天工开物》，国际文化出版公司，1995年
		12–5.2–c单蹑单综提压式踏板卧织机	图片来源：何堂坤、赵丰，《中华文化通志·科学技术·纺织与矿冶志》，上海人民出版，1998年
		12–5.2–d湘西提压式踏板卧机	图片来源：赵丰，《卧机的类型与传播》，《浙江丝绸工学院学报》1996年4期
6	单动式双综双蹑机		单动式双综双蹑机利用两蹑分别控制两片综，两片综分别开两种梭口，织出平纹织物。由于织机的两片综分别由踏脚板独立提升，互不干扰，所以称单动式。这种织机在南宋梁楷的《蚕织图》和元代程棨本《耕织图》、明代《便民图纂》中有图像记载。现存缂丝机也属此类型
		12–6–a〔明〕邝璠撰《便民图纂》中的单动式双综双蹑机	图片来源：〔明〕邝璠撰，石声汉、康成懿校注，《便民图纂》，农业出版社，1959年
		12–6–b单动式双综双蹑缂丝机	图片来源：赵丰，《中国丝绸艺术史》，文物出版社，2005年
7	互动式双综双蹑机		互动式双综双蹑机采用下压综开口，两根踏脚板分别与两片综的下端相连，在织机顶端采用杠杆，利用杠杆的两端与两片综的上端相连。这样，当织工踏下一根脚踏板时就会将一组经丝下压，与此相对应的杠杆的另一端就会带动另一综片提升另一组经丝，形成清晰的开口。这种织机出现在元明之际，可能得益于13世纪东西方文化的交流，因为互动式双综双蹑机在12、13世纪的欧洲已经十分普遍

（续表）

序号	织机类别和名称	织机名称及图像	出处或相关说明
7	互动式双综双蹑机	12-7-a〔清〕卫杰撰《蚕桑萃编》中的互动式双综织机	图片来源：〔清〕卫杰撰，《蚕桑萃编》，中华书局，1956年
		12-7-b互动式双蹑双综织机	图片来源：赵丰，《中国丝绸艺术史》，文物出版社，2005年
8	多综式提花机		一蹑控制一综，蹑综数相等的织机，称为踏板式多综提花机，也叫多综多蹑机。这种织机在汉代已经出现，《魏书·杜夔传》注："旧绫机五十综者五十蹑，六十综者六十蹑"，说的大概就是汉代的多综式提花机。我国近代民间仍可见到这种类型的织机，这类织机由于无法大量增加综片数，所以织幅也通常较窄，民间多用于织腰带一类的织物
		12-8-a四川成都双流的丁桥织机	图片来源：胡玉瑞等，《从丁桥织机看蜀锦织机的发展——关于多综多蹑机的调查报告》，《中国纺织科技史资料》1980年总第1集
		12-8-b〔清〕任熊绘《素女九张机》中的踏板式多综提花织	图片来源：《中华文明大图集·世风》，宜新文化事业有限公司、乐天文化（香港）公司，1992年
9	竹编花本式提花机		利用竹编花本进行提花织造的织机称为竹编花本式提花机。竹编花本式提花机发现于近代民间，但从东汉王逸的《机妇赋》、唐代的《江南织绫词》中可以找到竹编花本式提花机的一些踪迹。一般来说，用于竹笼上面排列的提花竹棍在100根左右，竹棍连接吊综线。经丝分提升与不提升两组，提升的经丝穿入竹棍前的综线，不提升的穿在竹棍之后。竹笼提升带动经丝提升，一次引纬后，花本竹棍移到竹笼的另一面重新做下一循环

（续表）

序号	织机类别和名称	织机名称及图像	出处或相关说明
9	竹编花本式提花机	12-9-a 广西宾阳的竹笼织机	图片来源：刘伯茂，《竹笼织机调查》，《中国纺织科技史资料》第3集
		12-9-b 中国丝绸博物馆陈列的竹笼机	图片来源：郑巨欣拍摄，中国丝绸博物馆
		12-9-c 云南傣族的直立式竹编花本织机	图片来源：《中国科学技术史·机械卷》，科学出版社，2000年
10	束综式提花机	分束综纬循环提花机和束综经纬循环提花机两种	束综纬循环提花机是一种控制纬向提花循环的织机，织造时利用挑花的方法进行提花。挑花工每挑一纬，织工就将挑起的综丝合扰提起，此时，相应的经丝也被提起，织工入相应的纬丝。束综经纬循环提花机从竹编花本式提花机发展而来，同时结合综纬循环提花机并以线制花本为特征。黑龙江省博物馆藏《蚕织图》中的绫机、中国国家博物馆藏《耕织图》中的罗机、《梓人遗制》中的华机子、《天工开物》中的小花楼提花机、南京摹本缎机和妆花机均属此类
10.1	束综纬循环提花机	12-10.1-a 束综纬循环提花机	图片来源：Jon Thompson and Hero Granger Taylor, *The Persian Zilu Loom of Meybod*, CIETA-Bulletin73, 1995—1996
10.2	束综经纬循环提花机	12-10.2-a 宋人绘《耕织图》中的提花罗织机	图片来源：〔宋〕楼璹绘，南宋吴皇后题注本《耕织图》，中国国家博物馆藏
		12-10.2-b 〔明〕宋应星撰《天工开物》中的斜机身式小花楼束综提花机	图片来源：〔明〕宋应星撰，《天工开物》，国际文化出版公司，1995年

（续表）

序号	织机类别和名称	织机名称及图像	出处或相关说明
10.2	束综经纬循环提花机	12-10.2-c〔明〕徐光启撰《农政全书》中的斜机身式小花楼束综提花机	图片来源：〔明〕徐光启撰，石声汉校注，西北农学院古农学研究室整理，《农政全书校注》，上海古籍出版社，1979年
		12-10.2-d〔清〕卫杰撰《蚕桑萃编》中的平机身式小花楼束综提花机	图片来源：〔清〕卫杰撰，《蚕桑萃编》，中华书局，1956年
		12-10.2-e〔宋〕《蚕织图》（吴注本）中的平身式小花楼束综提花机	图片来源：黑龙江省博物馆
		12-10.2-f线制大花本提花机	图片来源：郑巨欣拍摄，中国丝绸博物馆
11	罗机	参见《梓人遗制》的罗机子	参见《梓人遗制》的罗机子
12	绒织机		绒织机构造与普通汉锦织机相似，但是它采用双经轴以区别经丝量大的绒经和普通地经，当生产提花绒时，织机必须要用带花楼的绒织机，并有起绒杆和送经装置
		12-12.1-a双经轴提花绒织机	图片来源：赵丰，《中国丝绸艺术史》，文物出版社，2005年

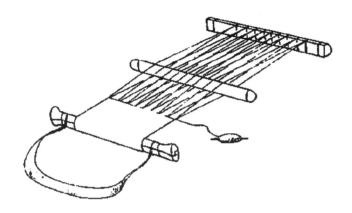

12-1.1-a 良渚织机的复原图。

12-1.1-b 石寨山出土汉代贮贝器上的纺织铸像。

12-1.1-c 〔清〕黎族腰织机。

12-1.1-d　日本阿伊
努族腰织机。

12-1.1-e　印度民
间的原始织机。

12-1.2-a 公元前560年古希腊陶瓶上的织机图。

12-1.2-b　北美奥杰布韦部落民族的立架式悬经织机。

12-1.3-a　云南文山苗族使用的斜架式原始悬轴织机，也称梯架式织机。

12-1.3-b　秘鲁出土公元前200年陶碗上的斜架式原始悬轴织机。

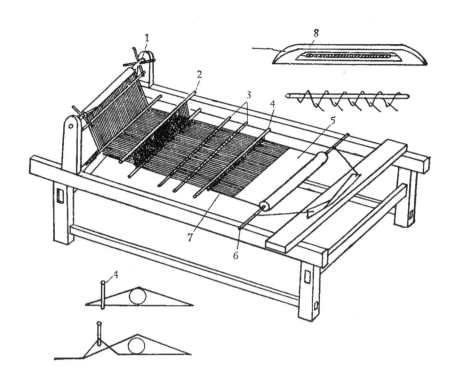

12-2.1-a 《列女传 · 敬姜说织》中描述的双轴原始鲁机复原图。

12-2.1-b "传丝公主"画版上面的双轴水平织机。

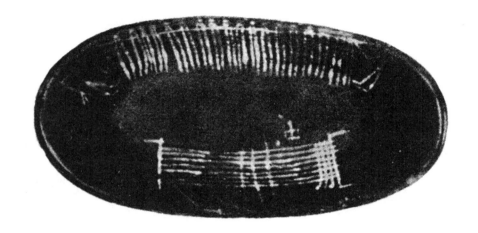

12-2.1-c　公元前4000年古埃及陶碟上的平置式双轴织机。

12-2.1-e　古埃及伯尼哈撒王墓壁画上的织机图。

12-2.1-d　古埃及墓葬中发现的公元前1850—公元 前1786年的平置式双轴织机。

12-2.2-a　根据古埃及墓室壁画织机图复制的垂直式双轴织机模型。

12-2.2-b　法国巴黎戈布兰国家手工业制造馆的垂直式双轴织机。

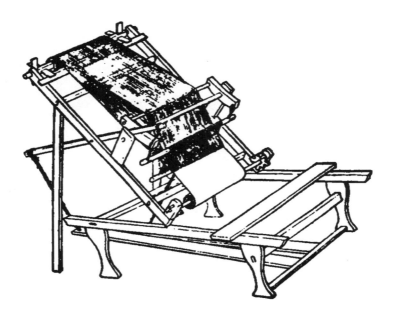

12-3.1-a　汉代提压式双蹑单综机复原图。

12-3.2-a　江苏铜山洪楼地区汉画像石上的中轴式踏板斜织机。

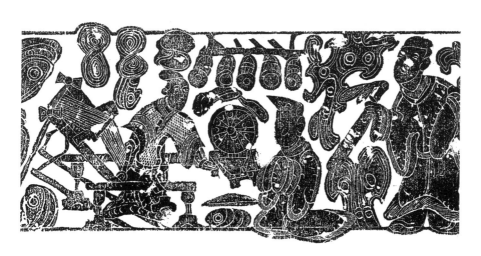

12-3.2-b　江苏曹庄出土东汉画像石上的踏板斜织机图。

12-3.2-c 法国AEDTA（亚洲纺织品研究中心）收藏的中国汉代釉陶织机模型。

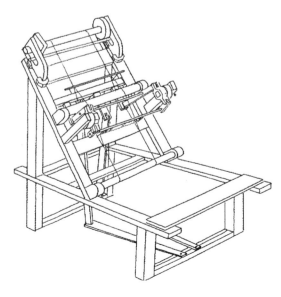

12-3.2-d 汉代中轴式踏板斜织机复原图。

12-4-a　莫高窟K98北壁
《华严经变》中的立织机图。

12-4-b　根据《梓人遗制》的立机
子图及说明复原的踏板立机子。

12-5.1-a 四川成都土桥曾家包出土东汉画像石上的直提式踏板卧织机图。

12-5.1-b 〔元〕王祯《王祯农书》中的直提式踏板卧织机。

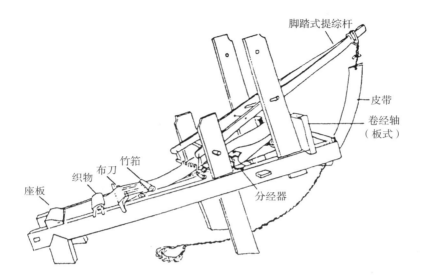

脚踏式提综杆

皮带

卷经轴
（板式）

分经器

竹筘

布刀

织物

座板

12-5.1-c　湖南通道侗族单蹑直提式踏板织机。

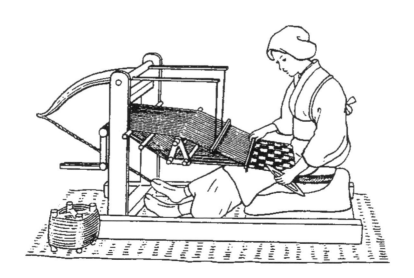

12-5.1-d　日本近代民间使用的双蹑直提式踏板织机。

12-5.2-a 六朝孝子棺石刻上的踏板卧织机。

12-5.2-c 单蹑单综提压式踏板卧织机。

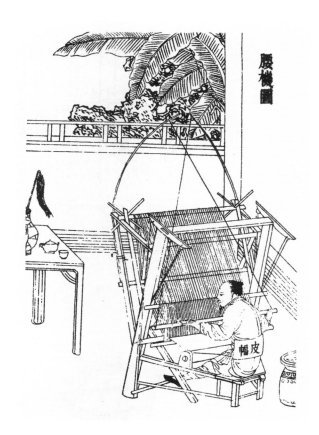

12-5.2-b 〔明〕宋
应星撰《天工开物》中的
腰机图。

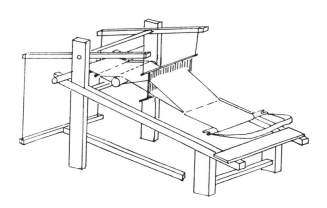

12-5.2-d 湘西提
压式踏板卧机。

12-6-a 〔明〕邝璠撰《便民图纂》中的单动式
双综双蹑机。

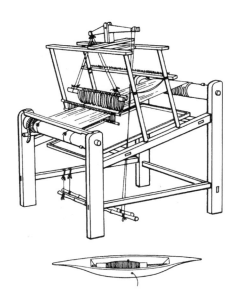

12-6-b 单动式双综双蹑绉丝机。

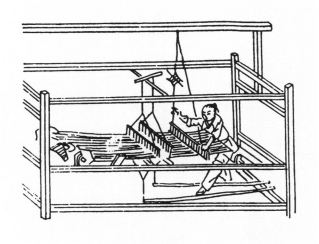

12-7-a 〔清〕卫杰撰《蚕桑萃编》中的互动式双综织机。

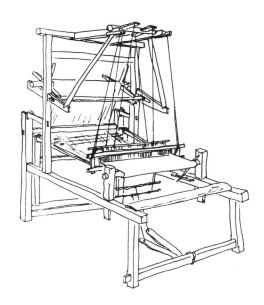

12-7-b 互动式双蹑双综织机。

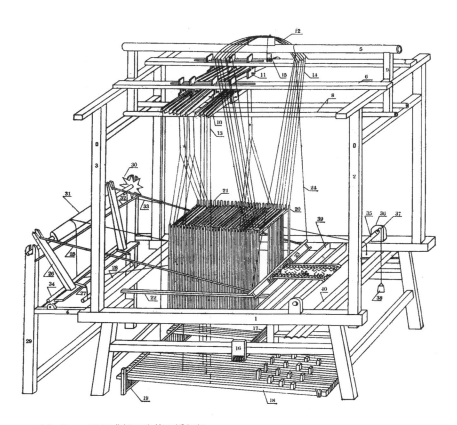

12-8-a　四川成都双流的丁桥织机。

12-8-b 〔清〕任熊绘《素女九张机》中的踏板式多综提花机。

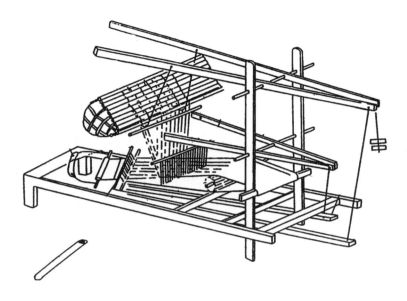

12-9-a 广西宾阳的竹笼织机。

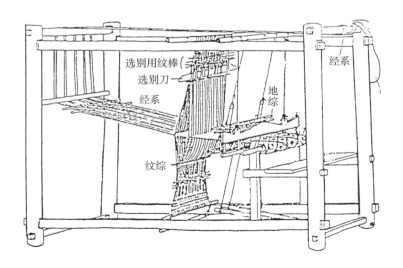

12-9-c 云南傣族的直立式竹编花本织机。

12-9-b　中国丝绸博物馆陈列的竹笼织机。

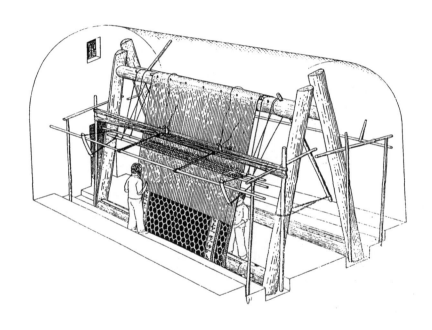

12-10.1-a　束综纬循环提花机（中亚Zilu织机）。

12-10.2-a　宋人绘《耕织图》中的提花罗织机。

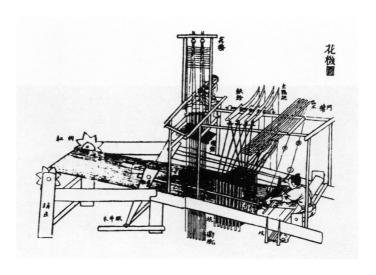

12-10.2-b 〔明〕宋应星撰《天工开物》中的斜机身式小花楼束综提花机。

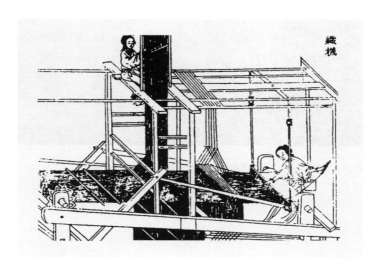

12-10.2-c 〔明〕徐光启撰《农政全书》中的斜机身式小花楼束综提花机。

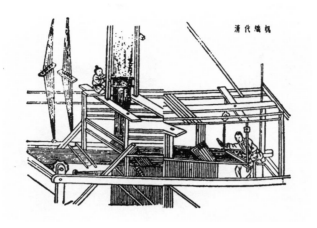

12-10.2-d 〔清〕卫杰撰《蚕桑萃编》中的平机身式小花楼束综提花机。

12-10.2-e 〔宋〕《蚕织图》(吴注本)中的平身式小花楼束综提花机。

12-10.2-f　线制大花本提花机。

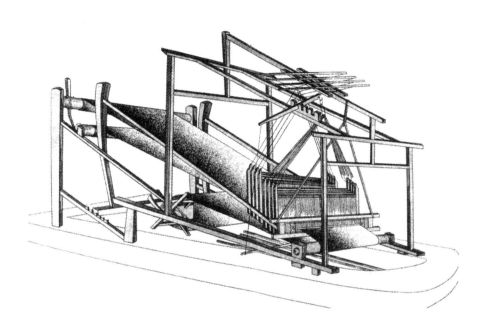

12-12.1-a　双经轴提花绒织机。

《梓人遗制》底本

永樂大典卷之一萬八千二百四十五 十八漾

梓人遺制工師之用違矣唐虞以上共工氏其職也三代而後屬之冬官
分命能者以掌其事而世守之以給有司之求及是官廢人各能其能而
以售於人因之不變也古攻木之工七輪與弓廬匠車梓今合而為二而
弓不與焉匠為大梓為小輪與車廬王氏云為之大者以審曲面勢為良
小者以雕文刻鏤為工去古益遠古之制所存無幾考工一篇漢儒攟撫殘
缺僅記其梗槩而其文佶屈又非工人所能喻也後雖繼有作者以示其
法或詳其大而畧其小麤大變故又復罕遺而業是工者唯道謀是用而
莫知適從日姜氏得梓人攻造法而刻之矣復捃略未備有是石者凤
習是業而有智思其所制作不失古法而間出新意曹斷餘股求器圖之
所自起叅以時制而為之圖取數凡一百一十條疑者闕焉每一器必離
析其體而縷數之分則各有其名合則共成一器規矩尺度各跧其下使
攻木者攬焉所得可十九矣既成來謁文以序其事夫工人之為器以利

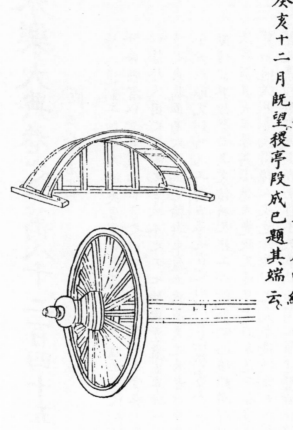

言也技苟有以過人唯恐人之我若而分其利常人之情也觀景石之法
分布曉析不害面命提耳而誨之者其用心焉何如故于嘉其勞而樂焉
道之景石薛姓字叔矩河中萬泉人中統
癸亥十二月既望稷亭段成巳題其端云

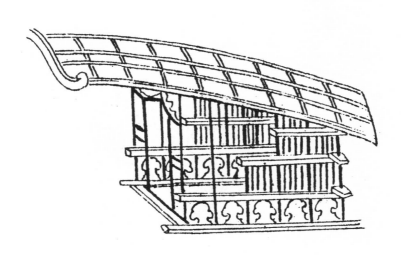

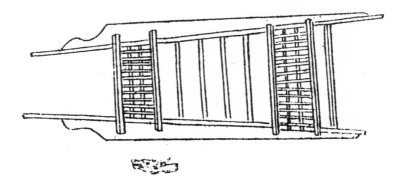

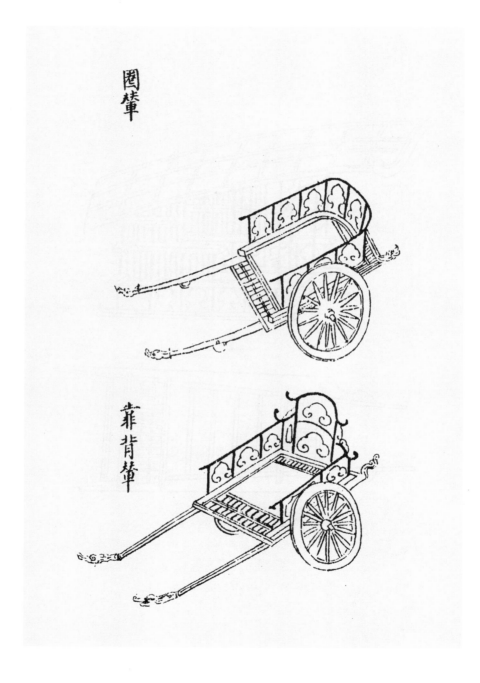

圈栿車

靠背車

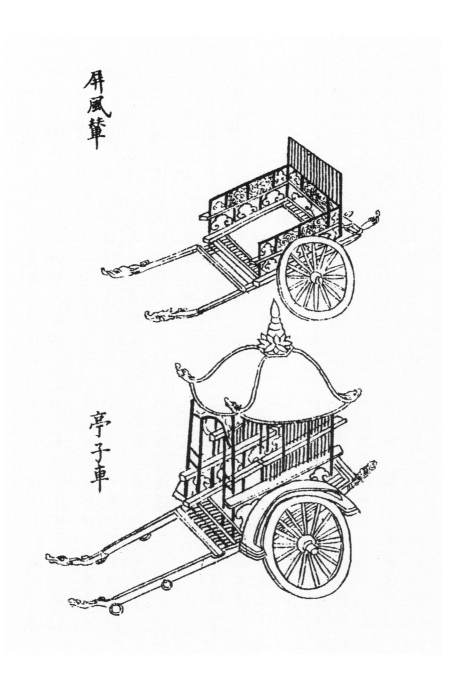

屏風輦

亭子車

五明坐車子　叙事易繫辭云黃帝服牛乘馬引重致遠。蓋取諸隨。釋

名曰黃帝造舟車故曰軒轅氏世本云奚仲造車謂廣其制度耳周禮春

官巾車掌公車之政。云云服車乘夏篆卿乘夏縵大夫墨車士

乘棧車庶人乘役車棧 云車不革靴而漆之 役車方箱可載任器以共役

晚共栱　周禮冬官考工記云國有六職百工與居一焉。司空

事官之屬於天地四時之職亦逮其一也。或坐而論道謂之王公天子諸

俟作而行之謂之士大夫審曲面執以飭五材以辨民器謂之百工五材

各有工百眾言之也。通四方之珍異以資之謂之商旅飭力以長地財謂

之農夫治絲麻以成之謂之婦功云云知者創物巧者述之守之世謂之

工父子世以相教。百工之事皆聖人之作也。爍金以為刃凝土以為器作

車以行陸作舟以行水此聖人之所作也。天有時地有氣材有美工有巧

合此四者然後可以為良。特寒溫也。氣剛柔也。良善也。云云凡攻木之工

七。攻金之工六攻皮之工五設色之工五刮摩之工五搏埴之工二攻木

之工七輪輿弓廬匠車梓云云有虞氏上陶夏賣費陶器顙大兀棺也。夏

后氏上匠 禹治洪水民降丘宅土甲宮室而 尊匠也。殷人上梓湯放傑疾

禮樂之壞而尊梓周人上輿 武王伐紂幸上下失其服飭而尊輿 故一器而

工聚馬者車焉多車有六等之數皆兵車也。云云凡察車之道必自從也

載於地者始也是故察車自輪始先視輪也凡察車之道欲其撲屬而微

至撲屬圓貌徹至謂輪著地少謂其圓其著地微則易轉不撲屬無以

完文也不徹至無以為戚音疾速也謂輪著地少謂其圓著地微則易轉不

終古登陀也終古猶云常也隨阪也輪已崇則難引人不能登輪已庳則於馬

六寸田車之輪六尺有三寸乘車之輪六尺有六寸此以馬大小為節也

六尺有六寸之輪軹音只崇三尺也加軫音診與撲音十馬四尺

也人長八尺登下以為節故車有輪有軹各說其人輪人為輪斬

三材必以其時三材為轂輻牙也牙也時謂材在陽中冬斬之在陰則中夏

斬之今世轂明榆以檀牙以為直枸也

也輻也者以為直指也者以為固抱也輪敝三材不失職謂之完敝

也輪人為蓋云云上欲尊而宇欲卑則吐水疾而霤遠蓋上為雨斂

也蓋已崇則難為門也蓋已庳是故蓋崇十尺十尺其中正也

也善蓋者以橫馳於雙上無衣若無蒂而不

蓋十尺宇二尺而人長八尺卑於此則蔽人目良蓋弗冒弗紘殺斂而馳

不隊直頗反謂之國工隊落也善蓋者以

落之與人為車云云圜者中規方者中矩立者中縣衡者中水直者如坐

馬繼者如附馬〔治材居材如此乃盖也如坐如木従也生如附如附枝之

弘枝也〕凡居材犬與小無並犬倚小則摧引之則絕并偏邪相就也用力

之持其大并於小者小者強不堪則摧也其小并於大者小者力不堪則

絕也棧車欲庳士乘棧車防車欲侈大夫以上乘者輈人爲輈車轅

也輈有三度軸有三理國馬之輈深四尺有七寸國馬謂種馬戎馬高

八尺兵車軫崇三尺三寸加軫與轐七寸又此輈深則衡高八尺七寸

也除馬之高則餘七寸爲衡頸之間也田馬之輈深四尺駑馬之輈深三

尺三寸軸有三理一者以爲微也無節目也二者以爲久也三者

以爲利也謂轂云云是故輈欲頎典〔頎音懇典音珍〕則堅刃銳

折淺則負揉之大深傷其力馬倚之則折也揉之淺則馬善負之輈注則利準利

準則久利其安輈作水注則利水謂輈脊上雨注冷水去利也一云注則

利謂輈之揉者形如注星則利也準則久和人乘之則安云云行數千里馬不契需契作炎

又也和則安注與準者和人乘之則安云云行數千里馬不契需

需非畏謂不傷蹄不需道理終歲御衣裳不敝雉裳也此唯輈需之和也輈

之方也以象地也盖之圜也以象天也輪輻三十以象日月也盖弓二十

有八以象星也 周遷輿服雜事曰五輅兩箱之後皆用玳瑁鵾翅〔鵾大

烏名其羽開。 利故 箱象之

萐之輞。 後梁甄玄成車賦云鑄金磨玉之麗凝土刻木之奇體眼術而

特妙未若作車而載馳爾其車也名稱合於星辰負方象乎天地夏言以

庸之服周曰聚馬之器制度不以陋移規矩不以飾其古今貴其同軌華

夷獲其兼利。 後漢李尤小車銘云圓蓋象天方則地輪法陰陽動

遺也美仲作車故云美車朔方尚云美申 用材 造坐車子之制先以

脚圓徑之高為祖然後可視梯檻長廣得所脚高三尺至六尺每一尺脚

三尺梯有餘寸積而為法。 車頭長九寸至一尺五寸徑七寸至一尺二

寸輻長隨脚之高徑廣一寸五分至二寸六分厚一寸至一寸六分

造輞法取圓徑之半為祖便見輞長短如是十四輻造者七分去一每得

六分上卻加三分。 十六輻造者四分去一分每得三分卻加一分八厘。

十八輻造者三分去一每加前同如是勾三輞造者料枚便是輞之長名

為六料子輞牛頭各加在外輞厚一寸則廣一寸五分為之四六輞減其

廣。 加其厚隨此加減。 梯檻取前項脚圓徑之高隨脚高一尺轅掉共長

三尺有餘寸安軸處。廣三寸半至六寸。山口厚一寸五分至二寸二分
山口外前梢於穩頂後梢於尾椺積而爲法。义椺二條或四條長隨椺
攙廣之外椏廣二寸至一分厚寸五分至一寸九分上平地出心線壓白
破混夾卵攔向外。于椺二條或四條隨大义椺之長廣與前大义椺同
厚一寸至一寸二分兩邊各枓破混向下上壁白各開口嵌散水攔子兩
頭鑿入大义椺之內底版椺四條至六條長隨义椺廣一寸六寸至一
寸厚一寸至一寸一分後露明尾椺長隨椺义底版長隨兩頭裏义
椺廣隨兩梯之內厚五分至六分耳版隨梯檻之外兩壁椺上廣三寸
至五寸厚六分至一寸前加廣與後頭方停或梢五分至八分樓于地栿
本隨梯檻大小用之材方廣一寸八分至二寸二分厚則減廣之厚長隨
前後子义椺之外廣則與耳版兩邊上同齊或減五分向裏至六分兩下
破瓣壓邊線椺橫夾卵攔向外。立柱一十二條至一十八條徑方廣一
寸至一寸二分圓混梢向上前頭兩角立柱高三尺五寸至四尺二寸後
頭兩角立柱比前角立柱高一尺則減低二寸有餘心內立柱加高爲之
龜盖柱。平子格長隨地栿木之長廣隨兩頭橫之外材廣一寸八分至

荷葉橫杆子。又為之月梁

順脊杆子五條隨樓子前後之

二寸。厚八分至一寸二分（兩下通）混俗呼

天徑方廣一寸至一寸二分。完制在外。

長徑方廣荷葉杆子同。

厚五分。瀝水版隨兩搶邊杆子之長廣二寸四分

荷葉瀝水版隨荷葉杆子橫之長徑廣厚隨瀝水版同。水版

俗為之裙欄扳長廣隨立柱平格下用之版厚四分至五分四周各入地

槽下鑿入地狀木之內上下方一尺。箭杆木又為之明自木後。格上

下串透圓混徑廣五分。護泥隨車腳圓徑之外離二寸二分至一寸五

分廣七寸至八寸下順者地狀木兩頭橫者靴頭木又捐之木徑方

廣一寸六分至二寸。地狀木上下立者月版捥捥之外月版版前露明者

月圓木。月圓木上橫捥木捥上羅圓版鑿入靴頭木之內羅圓版上兩邊各

壓圓楞枝條木。托木捥二條俗謂之捥察木。長隨梯檻橫之外上坐護

泥靴頭木外同集徑廣一寸八分至二寸四分厚八分至一寸二分。車

軸長六尺五寸五尺七寸五寸方廣四寸至四寸八分。呆木三條俗為之

三脚木。高隨前後轅之平圓徑一寸至一寸二分。叉杆二條或四條是

柱。樓子前盧橋圓徑一寸至一寸四分。後圓叉子俗為之狗為長廣隨

樓子後兩角立柱之廣高一尺二寸至一尺四寸。辟惡圓於樓子門前

用度下是地狱木上是立椿子内用水版四周各入池槽上安口圈木長

隨前月版廣隨樓子前兩角立柱高一尺二寸至一尺三寸結頭一箇

長隨前轅稍項鍘之長廣二寸至二寸五分凡坐車子制度内脚高一

尺則樓子門立柱外向前虚攞列出八寸五分至一尺其後攞隨脊杆子

之長如脊杆子長一尺則向後攞立柱外引出一寸至一寸二分增一尺

更加減則亦如之長一丈引出一尺至二寸兩壁攞減後攞之一半其車

子有數等或是平圍或作靠背輄子平頂樓子上攬荷亭子大小不同隨

此加減 功限 坐車子一量脚樓子梯欖護泥雜物等相合完備皆全

高三尺脚者四十功高四尺者

五十四功五尺者八十七功

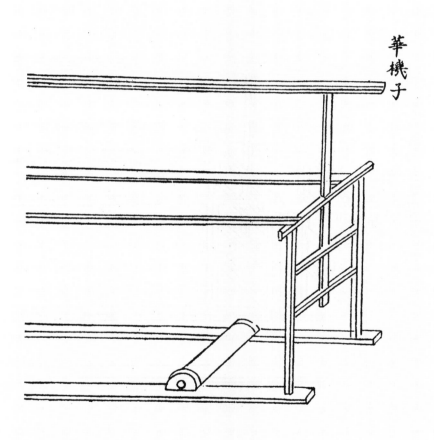

華機子

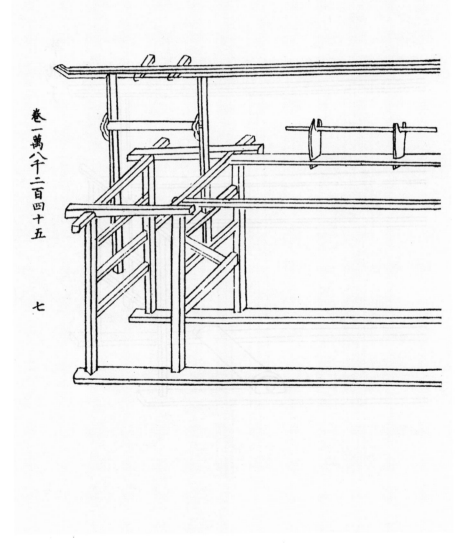

卷一萬八千二百四十五

七

方棚　扷槑　榍樁　蘸樁子　　　臥牛

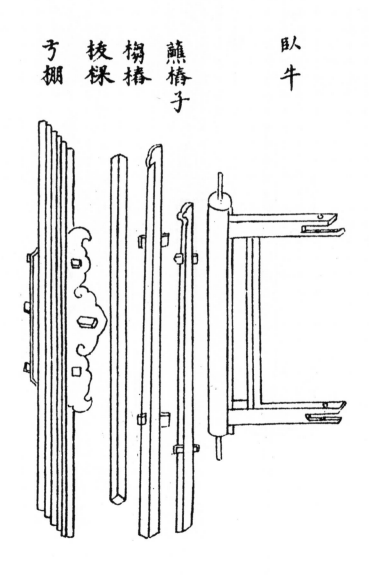

特木兒
白踏橛子
笰框
滕子

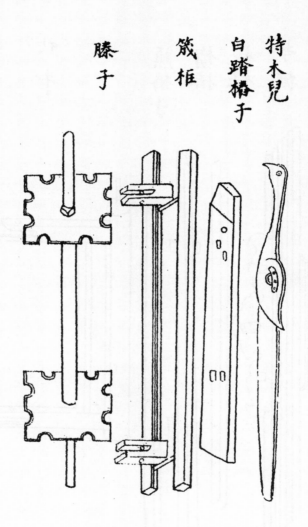

華機子　叙事淮南子云伯余之初作衣也　絲麻索縷手經指掛後世為機籰勝復以便此伯余之始也。伯余黄帝臣等音約　江文通古別離云紝扇如明月出自機中素（江海）　唐房玄齡授秦王府記室居十年軍符府撿或駐郎辨文約理盡初不著叢高祖曰若人機織是宜委任每為吾兒陳事千里猶對語　拾遺記吳王趙夫人巧妙無比。人謂吳宮三絶機機籰傳云麻晃禮也。今也紝倹麻晃布冠紵絲也。吾從衆純布亦自古有絶針絶線絶　其機非伯余作止是手經指掛而已後人因而廣之以成故知機籰亦起於上古今人工巧其機不等自各有法式今略叙機之總名耳

用材　造機子之制長八尺至八尺六寸上至龍脊杆于下至機身共高八尺至八尺六寸横廣裸外三尺六寸　機身徑廣三寸厚二寸六分先從機身頭上向裏量八寸盡前樓子眼前樓子眼合心至中間樓子眼合心二尺二寸中間樓子眼合心至兔耳眼合心四尺二寸兔耳眼合心至後靠背樓子眼合心一尺二寸（内樓子眼各長一寸六分。）随材加减兔而眼長四寸。　機樓扇子立頬長五尺二寸廣随機身之厚。徑厚一寸六分從下除機身内卯向上量一尺六寸盡下樑掘眼下掘眼上上量七寸心掘眼心掘上七寸是上掘眼掘眼長一寸六分上掘上一尺

二寸是遏腦内捜長隨廣徑廣隨立頬之厚厚一寸六分遏腦木長

四尺四寸廣四寸厚隨樓子立頬之厚上順絞井口又謂之井口木廣厚

同遏腦 衡天立柱長三尺四寸下卯在外厚隨遏腦之厚廣二寸下卯

栓透遏腦心下兩捜遏腦向上隨立柱量四寸安文軸子圓徑一寸

至一寸二分長隨樓子之廣 龍脊杆子長隨機身之長厚隨衡天立柱

心捜合心每壁各量一尺二寸安引手引手各長一尺五寸士是六筒眼

之方廣樓子合心向脊杆子上分心各離三寸安牽挍二筒 機子心扇

遏腦從心扇遏腦上向後順振上量四寸安立人子一筒立人向後又量

子遏腦上絞口向裏兩下各量七寸是前後順撩撩順振栓透前後樓

二尺更安一筒各長五寸上是鳥坐木内穿特木兒 卷軸長隨兩機身

橫之外徑三寸四分光耳隨機身之廣徑廣六寸厚五寸

尺六寸隨機身橫之廣厚徑廣六寸厚五寸 是立人子至卧牛底面襯上

通高三尺徑廣三寸厚二寸六分立人子頭上向下量五寸開口于二分

中取一分立口于合心橫鎖寨眼上安利杆利杆長八尺立人子開口

與筬推框同卧牛上隨立人子向上量三寸安撩撩一條廣二寸

用雜硬木植長三尺六寸廣二寸四分厚一寸二分内安斗子其斗

子内二尺八寸明邊高五分筬口上下離八分至一寸。斗子上是鵝材長
三寸六分方廣二寸開口深二寸四分橫鑽寨眼子，特木兒長三尺四
寸版廣二寸四分厚八分從頭上眼子至心翅眼子量九寸五分。是心内
眼子圜七分心内眼子至後尾眼子二尺一寸摟子合心上釘環兒弓
小頭廣一寸厚六分大頭廣一寸二分至一寸四分厚八分至一寸明外
頭上向下量三寸四分畫摞子眼長一寸有餘摞子眼下一尺二寸四寸
是下摞子眼橫摞子長二尺六寸四分廣一寸。厚四分摞子内二尺四寸
明計六角一十二條。醮椿子長一尺八寸小頭廣八分大頭廣
材長六尺二寸廣一寸厚六分。搊椿子用雜硬木植造材長二尺五寸。
棚架子版長一尺二寸廣三寸厚一寸用拴三條内安弓釘釘上為用弓
之廣長二尺八寸徑方廣一寸計六條鑽眼子與引手同。自跆椿子長
二尺六寸上廣二寸厚六分下廣二寸厚八分從頭上向下量三寸。
二分心内鑽圓眼子再從頭上向下量四寸二分邊上鑒摞子眼一簡摞
于眼各長一寸一分上眼子下摞襻向下更畫摞子眼一簡下眼下量九
一寸二分厚八分小頭向下量三寸二分畫摞子眼向下一尺二寸外下
摞子眼廣與搊同摞子各長二尺八寸内二尺四寸拔摞長隨兩引手

寸四分外下是雙樑子眼從下倒向上量二寸八分合心尺鑽圓眼子一
箇。樑子長二尺八寸廣一寸一分厚四分。縢子軸長三尺八寸方廣
二寸兩耳內二尺四寸。明耳版厚一寸四分至一寸六分方廣一尺至一
尺二寸。凡攀子制度內或織紗則用白路或素物只用撙子如是織華
子什物全用其機子不等隨此加減。功限　機身攀樓子共各七功。
臥牛子一箇一功。筬框一副全一功五分。持木見六箇八分功。
棚竿一功二分。搦醮各一副一十二扇全造三功二分。扠樑六條
四分功。縢子一箇一功二分。利竿二條三分五厘功。解割在外。

經牌子

邊篦子

泛柹子

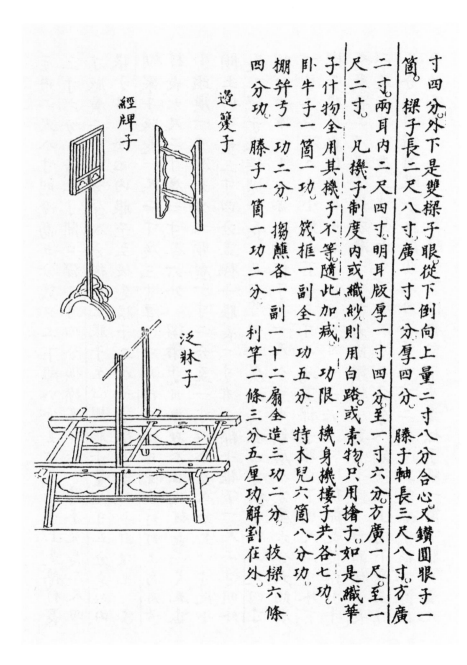

用材 造泛床子之制上至立人子頭下至泛床子地共高二尺一寸三分兩邊長與高同 邊俗謂之框 長二尺一寸三分廣一寸六分厚八分

先從邊頭上量一寸邊上留三分向裏畫第一筒㯠子眼㯠子眼長一寸八分第二筒㯠子眼外空三寸畫第二筒㯠子眼眼長一寸此眼外楞上側面

三分第一筒㯠子眼外空二寸二分畫第三筒㯠子眼長一寸八分廣五分畫第四筒㯠子眼眼長一寸八分第四筒㯠子眼外空一寸四分畫第五筒

鑿立人子眼立人子眼長八分廣五分畫第三筒㯠子眼外空三寸三分畫脚子槻上高

二筒㯠子眼外空三寸畫第三筒㯠子眼眼長一寸 脚子槻上高

第四筒㯠子眼眼長一寸八分第四筒㯠子眼外空一寸四分畫第五筒

㯠子眼 眼長二寸三分 前後㯠子眼長則不同各廣三分

九寸二分廣一寸三分厚同邊脚除上卯向下量三寸畫順㯠槻眼立人子邊向上高一尺二寸廣與邊同厚八分上開口于深五分下卯栓透

㯠槻 順㯠槻隨脚順之長廣隨脚之厚厚一寸三分 㯠子長二尺六寸廣一寸厚三分五釐 用三條雜硬木植 凡泛床子是華機子內白路

搊蘸搠子打繒線上使用隨此準用 功限

一筒全造完備 一功五分 如有牙口二功

二五九

掉簆

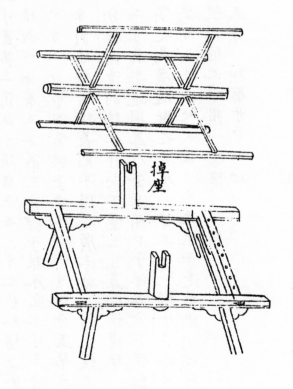

掉座

掉簆座　用材　造掉簆之制長三尺廣二尺一寸上下高六寸兩桄巳
裏一尺三寸明心內安立人子　邊長三尺廣二寸厚一寸五分　橫兩
當長二尺一寸廣一寸五分厚一寸二分　脚櫻上高六寸廣厚與邊同
立耳子下除卯向上高七寸上開口子深一寸廣厚同邊。　簆軸長隨兩耳之内。徑方廣二寸四分。從軸心每壁各量七寸、外安輻四枝或六枝減短。輻枝長一尺六寸廣一寸二分、厚一寸、籰枝長一尺七寸、廣一寸二分厚一寸。凡掉籰是打紵絲線經上使用隨此制度加減、功限

掉籰一箇全造完備一功一分　如是上有線子牙口造者三功五分

立機子

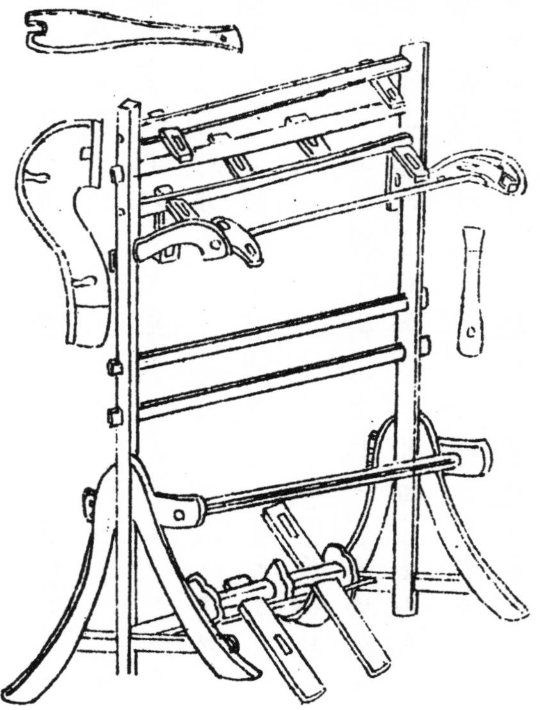

立機子 用材 造機子之制機身長五尺五寸至八寸徑廣二寸四分

厚二寸橫廣三尺二寸檻外先從機身頭上向下量攤卯眼上留二寸向

下盡小五木眼眼子方 八分小五木眼下空一寸六分橫楗眼眼長一

寸八分橫楗眼下空一十六分大五木眼眼方圓一寸大五木眼下順身

前面下量二寸外馬頭眼長二寸馬頭下二尺八寸橫肥膝眼眼長二

寸五分橫肥膝上馬頭眼或雙用單用眼一寸八分肥

膝眼下量六寸前後順栓眼眼長二寸順栓眼下前脚柱下留七寸後脚

眼下留四寸前長後短身子後下脚栓上離一寸是脚踏五木楗眼眼長

二寸心內上安兎耳各離六寸前脚長二尺四寸後脚減短二寸馬頭

長二尺二寸廣六寸厚一寸至一寸二分機身前引出一尺七寸所盤在

內除機身內卯向前置二寸二分鑿谿絲木眼眼方圓八分主餘絲木眼斜

向上量八寸鑿高棵木眼前同高棵木眼斜向下五寸二分鴉兒木眼都

主眼子盡 大五木長隨兩機身外撈幣徑方廣二寸二分兩頭除機身

內卯向裏量一寸盡前掌手子眼下是垂手子眼相栓五木後除兩下卯

量向裏合心却向外各量三寸外盡後頭引手子眼于各長一寸八分

掌手子通長九寸廣一寸八分厚一寸二分除卯量三寸四分橫鑽寨眼

順鑿口子口子各長二寸四分

卯七寸四分鑽寨眼開口子與掌手子同

前同除卯量七寸六分鑽眼子

一寸八分厚一寸二分掌手眼與大五木同長加六分

五寸厚一寸二分機身向前量六寸外畫捲軸眼方圓一寸

身兩腳捲軸長隨機肶膝外之齊徑方廣二寸上開

掌膝木長一尺六寸廣二寸厚八分上開口子深一寸五分下除一寸鑽

寨眼隨上下掌手取其方午高樑木豁絲木約繒木三條隨兩馬頭

內之長徑廣一寸六分各圓混鵶兒木長九寸方廣二寸三分兩兩

壁各量三寸四分鑽寨眼各從心殺向兩頭梢得一寸六分順開口子長二

十四分。曲肶肘子長二尺二寸廣一寸六分心內厚八分從心分停除

眼于外肶子圓八分前量七寸後量八寸鑽寨眼前安鵶兒木上後安齊

手子上懸魚兒長一尺廣一寸八分厚八分下除圓眼子離六寸鑽寨

眼安於鵶兒木上 長腳踏長二尺四寸廣二寸厚一寸四分寨眼向後頭向

前量二寸二分口子內合心橫鑽寨眼眼口順長二寸四分寨眼向前量六

寸。轉軸眼圓八分 短腳踏長一尺八寸廣厚長腳同從轉眼向前量五

寸寸攢鑽寨眼開口子與長腳同。兔耳長六寸廣二寸四分厚一寸心
內一筒厚二寸下除卯向上量一寸六分是轉軸眼。下腳長二尺二寸。
至二尺四寸拴上兩攟身之上。滕子軸長三尺六寸方廣二寸或圓八
稜造滕耳徑長一尺廣三寸厚一寸二分滕耳內二尺二寸明布綃筬
框長二尺四寸廣一寸四分至一寸六分厚六分內鑿池槽長二尺一寸
四分明寨竻眼在內寨眼各長五分。投子長一尺三寸至四寸中心廣
一寸五分厚一寸二分問口子長六寸五分至七寸心內廣鑿得一寸明。
兩頭稍得五分中心鑽虵蜉眼兒。凡機子制度內或就身傲腳或下拴
短腳或馬頭上安高揬谿絲木或掌滕木下安羅牀梡曲木其谿絲木所
不以同就此加減功限。機身機梡各一功大五木小五木二功三
分腳路五木并捲軸一功二分馬頭曲肐肘子二項八分
功。懸魚鵍鴟兒木八分功。滕子簨框一功八分解割在外

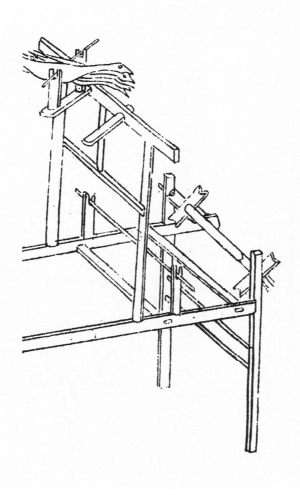

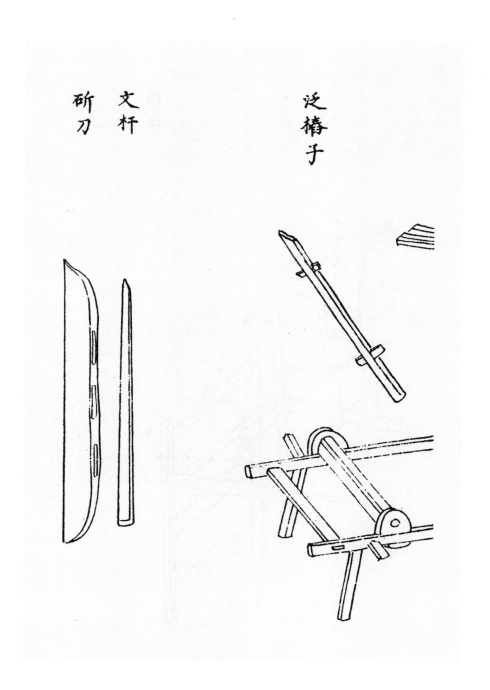

斫刀　文杆　泛椿子

羅機子 用材 造羅機子之制機身長七尺至八尺。橫欞外廣二尺四
寸。至二尺八寸。材廣三寸，厚二寸。先從機身後頭向前量四寸畫後腳眼。
眼長三寸。後腳眼盡前量五寸二分畫死耳眼。眼長三寸六分畫後腳眼
前量二尺二寸畫機樓子眼。眼長一寸六分機樓子眼盡前量五寸畫橫
欞眼。眼長一寸六分橫挼眼盡前量八寸六分立人子眼。眼長一寸六分
立人子眼盡前量八寸側面畫橫挼眼。眼長一寸六分橫挼眼盡向前量
五寸畫高腳眼。眼長三寸。機樓子立頰長三尺六寸，廣二寸，厚一寸六
分。下除機身外向上高三尺三寸上除過腦卯向下量七寸是橫挼眼。
眼長八分橫挼眼。眼長三寸。遇腦廣三寸，厚同兩立
頰過腦心內左壁離心六寸。是引手子眼。眼長一寸八分引手子上是兩立
人子上是烏坐木上穿鵶兒引手長一尺二寸立人子高七寸。前腳高
三尺八寸，廣厚同。機身上引出卯七寸。卯上開口安縢子卯下一尺五
寸。雙挼挼後腳廣厚同前高三尺。捲軸長隨機身之廣徑廣三寸四
圓混上開水攬。立人子高九寸徑廣一寸五分上是高挼木下是鴰絲
木長隨兩機身廣之長，特木兒長隨機子廣之心材子廣一寸八分厚
六分加減。大泛扇椿子長二尺四寸。小頭廣八分，厚六分。大頭廣一寸

二六七

四分厚八分從頭上向下量三寸四分畫眼子眼長八分上樑子眼至下
樑子眼欀外通量一尺二寸　小扇榢子小頭廣六分厚四分大頭廣八
分厚六分上下欀樑子眼外一尺二寸橫廣二尺四寸明前後同　斫刀
長二尺八寸廣三寸六分至四寸厚一寸二分背上三池槽各長四寸心
内斜鑽蚍蜉眼兒　文杆隨刀之長大頭圓徑一寸小頭稍得八分出尖
滕子長隨機身廣之外軸材方廣二寸耳長一尺至一尺二寸　凡樑子
制度內或素不用泛扇子如織華子隨華子當少做泛扇子
功限　羅機斫刀并雜物完備一十七功如素者一十功

縢子

押尺

布臥機子

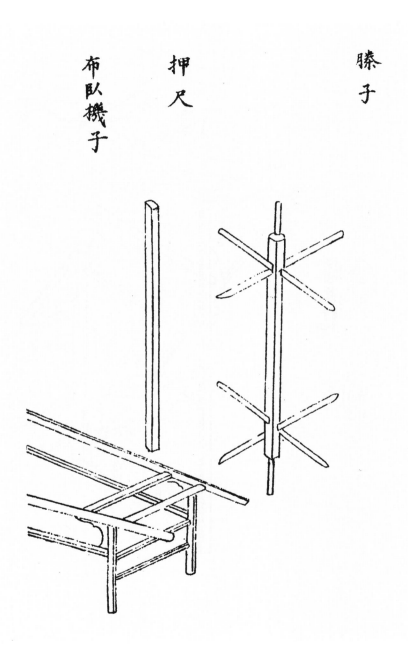

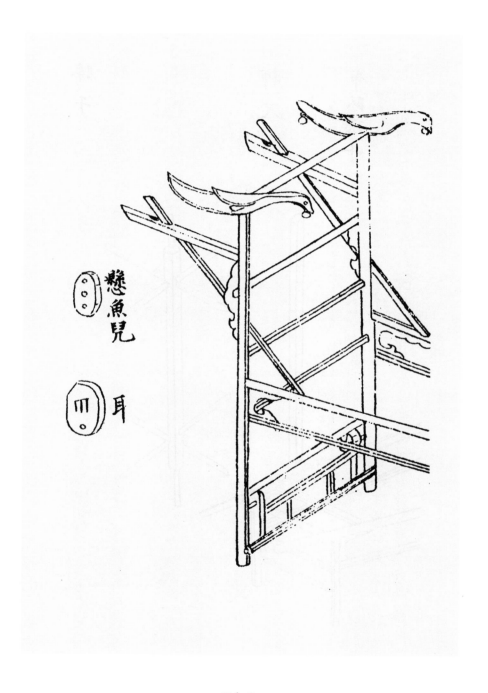

懸魚見

耳

小布卧機子　用材　造卧機子之制立身子高三尺六寸卧身子與立

身子同徑廣二寸厚一寸四分立身子前頭裡外橫廣二尺四寸後頭闊

一尺六寸先從立身子上下量攤卯眼上鵝兒口在內立身子頭上向下

量六寸畫順身前馬頭眼眼長二寸二分前斜高向上五分後低五分馬

頭下五寸四分畫順身是鵒絲木眼圓徑八分安在機身之後鵒絲木眼下

量三尺二分後橫梲眼眼長一寸四分橫梲眼下離一寸六分是卧機身

眼眼長一寸八分機身下離二寸順身小撐梲眼長八分小撐梲眼下

離二寸後橫撐眼橫梲下離一寸二分腳踏閗子眼圓徑一寸

卧身子除前卯向後量二尺五寸後腳眼同後腳眼子眼上分心兩壁

順身各量二寸畫橫撐梲眼橫梲上嵌坐板　馬頭上一尺三寸廣二寸

厚與機身同除卯之外離九寸開膝于軸口上更安主膝木厚一寸　脚

踏子長隨機兩身之廣裡外闊六寸內短串二條徑各廣一寸二分厚一

寸　後短脚襪上一尺二寸廣厚機身同下安橫撐兩條廣一寸厚八分

輥軸長隨機兩身之廣徑方廣一寸六分圓混　鵒絲木長隨機身外拶

齊圓徑一寸四分破混前同。

各留一寸已裹釘鐶兒中心安鵶兒木。　膝子軸長隨機子兩馬頭之外

徑方廣一寸六分滕耳內一尺七寸明耳子長一尺六寸廣一寸二分厚

六分。篏框長二尺二寸廣一寸四分厚六分。攀腰鐶兒長三寸廣二

寸厚一寸二分又謂之耳　軏軸耳子長二寸四分厚八分又謂之戀兒

兒凡機子制度內或三串栓馬頭造或不三串機身馬頭底用主角木

有數等不同隨此加減功限　臥機子一箇滕子篏框軏軸共各皆完

備全五功七分如嵌牙子內起心線壓邊線更加一功五分　觓割在外

永樂大典卷之一萬八千二百四十五

后　记

　　《梓人遗制图说》2019年修订版即将付梓，为此，要重新写一篇后记。

　　写修订版的后记，与原先后记的区别不仅是内容，理解也将有所不同。原后记写的是，选择注释《梓人遗制》的缘由和经过，但是在写修订版后记时，我关注比较多的是，《梓人遗制图说》2006年版出版后读者的反馈。

　　对于我而言，最初因为学习纺织，所以对《梓人遗制》有所了解；后来又注释此书，故而对其有了更多的认识。事实证明，注释《梓人遗制》是必要和及时的。一是，过去虽然也有人介绍此书，但因为不知其详，所以在一些细节和关键知识方面，出现了纰漏。比如《梓人遗制》的成书时间，在《中国大百科全书》的"建筑卷""纺织卷""机械卷"中，不仅没有统一的说法，甚至还有事实的偏差。二是，《梓人遗制》的及时出版，实际惠及诸多不同领域和年龄层次的研究者。细心的读者不难发现，像《金元科技思想史研究》《〈梓人遗制〉车制内容研究》等相关专著或论文，都没有绕开我的这部《梓人遗制图说》。

　　从不同的读者反馈信息来看，《梓人遗制》确也不只是一部涉及纺织、机械和建筑等多个不同学科，指导古代木机具制作的实用专著，更包含了颇富有启发的中国古代设计思想。比如，在"造坐车子之制，先以脚圆径之高为祖，然后可视梯槛长广得所，脚高三尺至六尺，每一尺脚三尺梯有余寸，积而为法"中所包含的古代朴素的系统设计思想。《中国设计理论辑要》就引用此条作为例子。然而遗憾的是，现在我们所看到的，仅有《梓人遗制》的残卷，全面认识这部书的重要价值，仍需要一个过程。而为了弥补残卷的遗憾，所以在这次修订中我重写了书前专论，也正是出于让大家更加全面地了解这部书的考虑，而修订也是我对自己过去认识不足的完善。

　　《梓人遗制图说》2006年版出版至今已经十二年过去了。无论是过去完成注释本，还是这次的修订，一直都离不开众师友和学生们的支持和帮助。所以，还必须谨记于此，以申谢忱：赵丰、杭间、徐峥立、张欢、张莉莉、潘一薇、萧颖娴、戴兑、蔡靓、穆琛、喻珊、茅惠伟。

2019年9月28日